住宅性能评定技术标准实施指南

《住宅性能评定技术标准》编制组　编

中国建筑工业出版社

图书在版编目(CIP)数据

住宅性能评定技术标准实施指南/《住宅性能评定技术
标准》编制组编. —北京：中国建筑工业出版社，2006
 ISBN 7-112-08288-9

　Ⅰ. 住... 　Ⅱ. 住... 　Ⅲ. 住宅—性能—评价—标
准—中国—指南 　Ⅳ. TU241-65

中国版本图书馆 CIP 数据核字(2006)第 039637 号

　　责任编辑：丁洪良
　　责任设计：崔兰萍
　　责任校对：王雪竹　刘　梅

住宅性能评定技术标准实施指南
《住宅性能评定技术标准》编制组　编
*
中国建筑工业出版社出版、发行(北京西郊百万庄)
新 华 书 店 经 销
北 京 天 成 排 版 公 司 制 版
北京云浩印刷有限责任公司印刷
*
开本：787×1092毫米　1/16　印张：8¼　字数：186千字
2006 年 5 月第一版　2006 年 5 月第一次印刷
印数：1—20000 册　定价：**20.00** 元
ISBN 7-112-08288-9
(14242)

本社网址：http：//www.cabp.com.cn
网上书店：http：//www.china-building.com.cn

前　言

我国的住宅性能认定制度，正在积极而稳步地向前推进。其中最重要的技术支撑《住宅性能评定技术标准》GB/T 50362—2005，已于 2006 年 3 月 1 日正式实施。这是多年努力的结果，也将使住宅性能认定制度步入新的轨道。

为了帮助广大的住宅消费者、住宅开发单位、设计单位、施工单位、监理单位以及相关的科研单位、教学单位了解和使用该标准，标准主编单位建设部住宅产业化促进中心组织编制组专家编写了这本培训教材，对编写这本标准的意义、指导思想、技术依据和具体评价尺度的掌握等问题进行解释。

本书撰写人：第一章　娄乃琳　刘美霞
　　　　　　第二章　娄乃琳
　　　　　　第三章　刘美霞
　　　　　　第四章　窦以德　曾　捷
　　　　　　第五章　吕振瀛　方天培
　　　　　　第六章　章林伟
　　　　　　第七章　陶学康
　　　　　　第八章　邸小坛　陶学康
　　　　　　第九章　刘美霞
　　　　　　附　录　娄乃琳

本书由童悦仲、刘美霞负责校审。

本书编写过程中，参考了大量的规范和资料，在此表示诚挚的谢意。

由于时间仓促和编者水平所限，本书错误和不当之处在所难免，恳请读者坦率指出，以便日后更正。

《住宅性能评定技术标准》编制组

2006 年 4 月

目 录

第一章 住宅性能认定制度概述

住宅性能认定制度，系指根据国家统一发布的住宅性能评定技术标准，按照统一规定的评定方法和程序，由评审机构组织专家组对住宅项目进行技术评审，然后将评审结果提交住宅性能认定机构进行认定，最终确定住宅的性能等级，并颁发认定证书和认定标志的制度。

第一节 建立住宅性能认定制度的意义

1.1 对住宅品质进行客观公正的评价

改革开放 20 多年来，随着经济的持续高速发展、居民收入的不断增多，以及住房制度改革的推动，我国住宅市场连续多年保持了供需两旺的景象，以住宅为主的房地产业已经无可置疑地成为我国国民经济的支柱产业。近年来我国已经有无数城镇家庭陆续搬进了新居。然而，人们在欣喜之余，却往往发现新建住宅的品质有许多不尽人意之处。于是，如何判断住宅的性能，以便在购房或租房时作到心中有数，成为广大住房消费者当前迫切需要解决的问题。

可是，住宅属于一种后验消费品，购房者在购买住宅的时候，几乎无法了解住宅全部的内在性能。尤其是购买期房的情况下，由于住房还没有建好，消费者对住房的品质状况更是无从把握。在大多数情况下，住房消费者和开发商对于住房品质，往往处于一种信息不对称状态，这种状况往往使住房消费者对于开发商的产品介绍显得疑虑重重。

另一方面，在房地产市场竞争日益激烈的今天，作为市场主体的另一部分，开发商对如何宣传自己的商品也可谓绞尽脑汁，费尽心机。近年来开发企业的广告和宣传支出越来越大，营销成本越来越高，可是在泥沙俱下、鱼龙混杂的市场环境下，任何自我宣传都会被人认为是"王婆卖瓜，自卖自夸"，可信度大打折扣。在这种情况下，几乎所有负责任的开发商，都迫切需要有一种具有公信力的评价机制，对其开发的住宅项目作出客观公正的评价。

住宅性能认定制度，就是要在政府部门的监管下，建立起一个针对住宅性能的科学、公正、公平的第三方评价机制，从而借用专家的学识和经验，使消费者对住宅的性能状况心中有数。住宅性能认定过程由规划、建筑、结构、给排水、暖通等专业的专家参与，从规划、设计、建设到交付使用进行指导、监督和跟踪，并重点考察普通购房者容易忽略或难以考察的内在性能，比如围护结构的保温隔热性能，楼板、墙体以及外门窗的隔声性能，住宅的结构安全性能，防火安全性能，住宅及其主要部件的耐久性能等，从而使住房消费者根据自己的需要和经济承受能力选购合适的住房，也可以使开发商开发的住宅获得客观公正的评价。

1.2 配合城镇住房制度改革，完善多元多层次的住房供应体系

在我国建立住宅性能认定制度是适应社会主义市场经济体制，实行住宅商品化、社会化的需要，对于促进住宅产业的发展和提高住宅的品质，具有现实和深远的意义。

根据"国务院关于进一步深化城镇住房制度改革加快住房建设的通知"（国发〔1998〕23 号文）的要求，我国自 1998 年下半年开始停止了住房实物分配，逐步实行住房分配货币化，建立和完善住房供应体系，对不同收入家庭实行不同的住房供应政策。为使这项政策得到切实的贯彻实施，建设部发布的建住房〔1999〕114 号文件《商品住宅性能认定管理办法》规定："商品住宅性能根据住宅的适用性能、安全性能、耐久性能、环境性能和经济性能划分等级"。这就使房地产企业进行住宅的开发建设和为住户提供性能保证以及售后服务有章可循，同时也为住宅消费者按照自己的收入水平和生活习惯，选择合适的住宅创造了条件。因此，推行住宅性能认定制度是稳步推进住房商品化、社会化，促进城镇住房新制度的顺利实施的一项重要措施，为建立和完善多元多层次城镇住房供应体系创造了条件，提供了保证。

1.3 规范住宅市场行为，维护消费者对住宅性能的知情权

获得产权的住宅已成为家庭财产最重要的部分，掌握自己拥有物业的性能、地段、物业管理等品质状况，应当是消费者对自己所拥有财产的基本权利。就普通消费者而言，住宅是一生价值量最大的消费品。作为高标的额的商品进入市场进行流通，应使消费者具有了解其产品性能的途径，提高住宅性能的透明度，为消费者提供可靠的商品信息。

近年来，由于市场机制不健全，住宅的民事纠纷增多。规范住宅交易市场行为，维护消费者利益是住宅开发建设中的当务之急。推行住宅性能认定制度是适应社会主义市场经济体制而建立的新的社会监督机制，由公正的第三方对住宅的性能进行评审认定，给予客观的、公正的评定，并确定住宅性能等级，这就使住宅消费者能够放心地自由选择不同档次不同风格的住宅，并以此维护自身的利益。

1.4 引导开发商提高住宅性能，促进住宅产业现代化

面对精美的厚厚的沉沉的项目营销画册，购房者常常感叹，房地产商为何要花大量的钱财，印制这些华而不实的东西？羊毛出在羊身上，这些广告成本肯定会转嫁给消费者，但对于提高住宅的内在品质没有任何帮助。广大消费者迫切需要有一个公正和权威的途径，能够客观地为购房者选房提供技术上的指引，能够知道要购买的住宅，保温隔热性能如何，设备设施配置如何，安全性能是否得到保证等。通过住宅性能认定机制的建立，对住宅进行综合评定，使开发企业开发的住宅性能具有相互间的可比较性，有利于运用市场机制激励和约束房地产开发企业开展有序竞争，不断提高住宅性能，建设节能、节地、节水、节材和环保的住宅。

随着我国城镇居民生活水平不断提高和科学技术的发展，人们对住宅的功能质量、环境质量和服务质量的要求日益提高。当前我国正处在住宅建设的大发展时期，建设的规模很大，需要消耗大量的资源与能源，如何使住宅建设贯彻可持续发展战略，是我国当前面临的重要课题。近年来，我国住宅产业虽然有了较大的发展，但是，由于工业化程度低等原因，住宅建设仍处于粗放型阶段。要改变这种状况，只有依靠技术进步，加强新技术的开发和应用，推进住宅产业现代化。实行住宅性能认定制度，可以激励房地产开发企业和产品生产企业，在住宅市场的竞争中，以科技为先导，以市场为导向，推动住宅技术的更新换代，通过精心规划、精心设计和精心施工，以及加强科学管理，提高住宅建设的科技含量，加快住宅部品标准化、集约化、系列化，以全面提高住宅的性能，加快住宅产业现代化的进程。

第二节　我国住宅性能认定制度的建立

2.1　国外住宅性能认定制度研究

国外开展类似住宅性能认定的制度已有多年的历史。20 世纪 90 年代我国通过翻译日本工业化住宅性能评定制度的有关文件，结合国家"2000 年小康型城乡住宅科技产业工程"项目对日本等国的住宅性能认定制度进行了较为系统的研究。随后，又对法国、澳大利亚等发达国家的相关制度进行了了解和研究。尤其从 2001 年 12 月到 2004 年 12 月，我国和日本政府开展了为期三年的以住宅性能认定和部品认证作为合作内容的 JICA 三期项目，较为系统地了解了日本的住宅性能表示制度和住宅性能保证制度。

在借鉴各国相关制度的基础上，结合我国的国情，建立了我国富有特色的住宅性能认定制度。

2.2　《商品住宅性能认定管理办法》(试行)的发布

住宅性能认定制度是伴随着住房制度改革和住宅商品化的实施建立起来的。1998 年国务院宣布停止住房实物分配后，住房市场空前活跃起来。为了配合建立多元多层次的住房供应体系，促进我国住宅建设水平的全面提升，引导居民放心买房、买放心房，1999 年 4 月，建设部颁布了建住房 [1999] 114 号文件《商品住宅性能认定管理办法》，决定从当年 7 月 1 日起在全国试行住宅性能认定制度。

2.3　配套管理文件的制定

为使住宅性能认定制度得以实施，建设部住宅产业化促进中心起草了一些配套管理文件，包括《关于实施〈商品住宅性能认定管理办法〉(试行)的几点意见》、《商品住宅性能认定实施细则》(讨论稿)、《商品住宅性能认定委员会章程范本》、《关于开展住宅性能认定试评工作的通知》、《住宅性能认定申请表》、《住宅性能设计审查申报材料、图纸的统一要求》、《关于对列入住宅性能认定试评工作计划项目进行跟踪管理的通知》等，对住宅性能认定申报的程序和评定方法等作了具体规定。

在编制国标《住宅性能评定技术标准》之前,建设部住宅产业化促进中心作为受建设部委托负责在全国组织推行住宅性能认定制度的工作机构,首先编制了《住宅性能评定方法和指标体系》(试行),并不断地修改、完善。这个过程中,建设部住宅产业化促进中心力求《住宅性能评定方法和指标体系》能够反映住宅发展的最新成果,引导新技术的应用,总结先进适用的住宅开发经验,以引导和提高住宅的综合性能。

这样,住宅性能认定制度在我国得以初步建立。

第三节 我国住宅性能认定制度实施的情况

3.1 试评工作

在制定 1999 年版《商品住宅性能评定方法和指标体系》(试行)后,为使该指标体系具有可操作性和科学性,建设部住宅产业化促进中心陆续组织陕西、云南、浙江、江苏、重庆、上海、大连、深圳等省市的小区进行了性能认定试评,根据试评的情况,对《商品住宅性能评定方法和指标体系》(试行)进行了修改和完善。

3.2 试点工作

从 2003 年 5 月开始,借鉴日本的住宅性能表示制度,在江苏省、陕西省、山东省、沈阳市、大连市、南京市、杭州市、厦门市、济南市、深圳市、武汉市、成都市、郑州市、温州市等省市进行了住宅性能认定试点,取得了许多经验,其中尤以山东省的住宅性能认定工作走在全国的前列,做法值得其他省市借鉴。本书附录专门对山东省的住宅性能认定试点工作进行了介绍。

3.3 认定工作进展情况

截至 2006 年 3 月,共有 252 个小区通过住宅性能设计审查(国标发布以前该程序叫预审),被初步确认符合 A 级住宅的规划设计要求。在这一过程中,评审小组内长期从事住宅研究和设计的专家,对住宅小区的规划方案、建筑设计、设备设施配置和新技术的采用,进行了评议。在提问答辩、反馈专家评审意见和交流过程中,向开发商、设计单位提出了大量建议,优化了设计方案,提供了性能价格比好的技术和信息,鼓励开发商选用成熟适用的新技术、新产品,鼓励开发单位进行土建装修一体化,大量节约了资源。因此,住宅性能认定本身也是技术服务的过程。

截至 2006 年 3 月,共有 69 个小区通过了 A 级住宅性能认定终审,共 2420 栋。分别由建设部第 33 号、77 号、244 号、427 号公告向全国进行了公布。

第二章 住宅性能认定申报程序和评定方法

政府建设行政主管部门负责指导和管理本行政区域内的商品住宅性能认定工作，指定负责住宅产业化工作的机构具体负责住宅性能认定制度的组织实施。

第一节 住宅性能认定的申报条件和流程

1.1 住宅性能认定的申报条件

（1）房地产开发企业经资质审查合格，有资质审批部门颁发的资质等级证书；

（2）住宅的开发建设符合国家的法律、法规和技术、经济政策，以及房地产开发建设程序的规定。

1.2 申报和认定流程

（1）项目立项后，可以填写申请表，进行申报；

（2）规划设计方案完成后，可以向评定机构申请设计审查；

（3）设计审查通过后，颁发通过设计审查的证书和文件，评定机构进行全程跟踪；

（4）主体竣工后，组织专家组进行中期检查；

（5）竣工验收后，组织专家组进行终审检查；

（6）终审通过后，颁发证书，发布公告。

第二节 设计审查、中期检查和终审

2.1 设计审查

房地产开发企业在规划设计方案完成后，申请住宅性能认定设计审查。评审机构进行设计审查时，房地产开发企业主要提供以下文字材料及图纸，采用A3纸编印，装订成册。

（1）项目位置图；

（2）规划设计说明；

（3）规划方案图；

（4）规划分析图（包括规划结构、交通、公建、绿化等分析图）；

（5）环境设计示意图；

（6）管线综合规划图；

（7）竖向设计图；

（8）规划经济技术指标、用地平衡表、配套公建设施一览表；

（9）住宅设计图；

（10）新技术实施方案及预期效益；

（11）新技术应用一览表；

（12）项目如果进行了超出标准规范限制的设计，尚需提交超限审查意见。

2.2 中期检查

中期检查在主体结构施工阶段进行，主要检查以下方面：

（1）设计审查意见执行情况报告；

（2）施工组织与现场文明施工情况；

（3）施工质量保证体系及其执行情况；

（4）建筑材料和部品的质量合格证或试验报告；

（5）工程施工质量；

（6）其他有关的施工技术资料。

2.3 终审

终审在项目竣工后进行。

（1）终审时应提供以下资料备查：

1）设计审查和中期检查意见执行情况报告；

2）项目全套竣工验收资料和一套完整的竣工图纸；

3）项目规划设计图纸；

4）推广应用新技术的覆盖面和效益统计清单（重点是结构体系、建筑节能、节水措施、装修情况和智能化技术应用等）；

5）相关资质单位提供的性能检测报告或经认定能够达到性能要求的构造做法清单；

6）政府部门颁发的该项目计划批文和土地、规划、消防、人防、节能等施工图审查文件；

7）经济效益分析。

（2）终审时应对有关的指标进行检测。

拟获得3A级认定的项目，需要进行以下项目的检测：

1）楼板的隔声性能；

2）墙体的隔声性能；

3）管道的噪声量；

4）设备的减振和隔声；

5）室外等效噪声级；

6）室外偶然噪声级；

7）室内空气污染物；

8）天然水体与人造景观水体水质；

9）游泳池水质。

住宅性能检测工作由法定检测机构承担，对已正式检测的项目不再重复检测，由开发企业向评审专家提供已有的检测报告。

2.4 评定的变更和撤销

（1）认定的变更。申请者对认定结果有异议或不服时，可以向上一级认定委员会提出申诉，如经核查，认定结果确有不妥之处，应当受理并重新组织认定。认定结果可以变更，以体现住宅性能认定的科学性和公正性。

（2）认定的撤销。申请者如果以假冒手段或其他不正当手段取得认定结果，一经查出，要撤销其认定结果。这样做可以维护认定的信誉和权威性，同时鼓励企业在住宅开发建设中开展公平、有序的竞争。

第三章 《住宅性能评定技术标准》简介

《住宅性能认定技术标准》是住宅性能认定制度实施的技术支撑，作为国家标准，其内容具有权威性。当然，随着社会的进步和技术的不断更新，该标准每隔几年会进行修订，它对住宅性能的要求会不断提高。住宅性能认定工作将把住宅作为发展和不断创新的载体，不断地吸收国内和国外先进的技术、产品和理念，伴随着住宅技术的进步而不断发展。

第一节 《住宅性能评定技术标准》的定位和指导思想

1.1 《住宅性能评定技术标准》的定位

该国家标准是目前全国惟一的一部关于住宅性能的评价标准，适合所有城镇新建和改建住宅。所有的住宅在这个标准中都能够找到自己的位置，能评出等级。

1.2 《住宅性能评定技术标准》编制的指导思想

(1) 反映住宅的综合性能水平。
(2) 体现节能省地型住宅的要求。
(3) 倡导土建装修一体化等住宅产业政策。
(4) 引导理性的住宅开发和消费理念。
(5) 鼓励开发商提高住宅性能。

1.3 评定的对象

日本住宅性能表示制度以套为评定单位，符合该国住宅交易的标的，也和日本独户式小住宅占据半壁江山相适应。中国 20 世纪 80 年来代以来，商品住宅主要由开发商以住区（居住区、居住小区、居住组团）为单位进行建设和开发，而在同一住区内，有时所建住宅的标准又有区别，因此在开始建立住宅性能认定制度时，多数专家认为我国以栋为单位评定比较合适。然而，由于我国住宅交易是以套为单位进行的，当消费者作为申请性能认定的主体时，必然需要以套为单位进行评定。因此，住宅性能评定原则上以单栋住宅为对象，也可以单套住宅或住区为对象进行评定。

第二节 《住宅性能评定技术标准》的结构框架

2.1 《住宅性能评定技术标准》的结构

该标准分为八章和五个附录。第一章是总则，第二章是术语，第三章是关于住宅性能的认定申请和评定的方法，第四章到第八章分别阐明五个性能的评定项目、满分分值、分项评定的内容和评定方法，五个性能的评分表分别列于《住宅性能评定技术标准》GB/T 50362—2005的附录 A～E 当中。

2.2 适用性能的内容框架

住宅适用性能的评定包括单元平面、住宅套型、建筑装修、隔声性能、设备设施和无障碍设施 6 个评定项目，满分为 250 分（见表 3-1）。住宅适用性能的评定，既要考虑满足居住的功能性要求，也要考虑满足居住的舒适性要求，以提高住宅的内在品质。

住宅适用性能的评定

表 3-1

评定项目	分 项 指 标	分 值
单元平面	单元平面布局、模数协调和可改造性、单元公共空间 3 个分项	30 分
住宅套型	套内功能空间设置和布局、功能空间尺度 2 个分项	75 分
建筑装修	套内装修和公共部位装修 2 个分项	25 分
隔声性能	楼板的隔声性能、墙体的隔声性能、管道和设备的噪声量 4 个分项	25 分
设备设施	厨卫设备、给排水与燃气系统、采暖通风与空调系统和电气设备与设施 4 个分项	75 分
无障碍设施	套内无障碍设施、单元公共区域无障碍设施和住区无障碍设施 3 个分项	20 分

2.3 环境性能的内容框架

住宅环境性能的评定包括用地与规划、建筑造型、绿地与活动场地、室外噪声与空气污染、水体与排水系统、公共服务设施和智能化系统 7 个评定项目，满分为 250 分（见表 3-2）。在对环境性能进行评定时，着重评定直接或间接影响居民居住生活的主要因素，并将这些因素用定性或定量的方法规范描述，作为具体评定住宅环境的依据。

住宅环境性能的评定

表 3-2

评定项目	分 项 指 标	分 值
用地与规划	用地、空间布局、道路交通和市政设施 4 个分项	70 分
建筑造型	造型与外立面、色彩效果和室外灯光 3 个分项	15 分
绿地与活动场地	绿地配置、植物丰实度与绿化栽植和室外活动场地 3 个分项	45 分

评定项目	分项指标	分值
室外噪声与空气污染	室外噪声和空气污染 2 个分项	20 分
水体与排水系统	水体和排水系统 2 个分项	10 分
公共服务设施	配套公共服务设施和环境卫生 2 个分项	60 分
智能化系统	管理中心与工程质量、系统配置和运行管理 3 个分项	30 分

2.4　经济性能的内容框架

住宅经济性能的评定包括节能、节水、节地、节材 4 个评定项目，满分为 200 分（见表 3-3）。根据国际上关于可持续发展的最新动态，本着国家提出的坚持扭转经济发展中高消耗、高污染、低产出的状况，全面转变经济增长方式的要求，按照建设部的"四节"要求，把经济性能的评定列为节能、节水、节地和节材 4 个项目，以重点体现国家产业技术政策。

住宅经济性能的评定　　　　　　　　　　　　　　　　　　　　表 3-3

评定项目	分项指标	分值
节　能	建筑设计、围护结构（综合节能要求）、采暖空调系统和照明系统 4 个分项	100 分
节　水	中水利用、雨水利用、节水器具及管材、公共场所节水措施和景观用水 5 个分项	40 分
节　地	地下停车比例、容积率、建筑设计、新型墙体材料、节地措施、地下公建和土地利用 7 个分项	40 分
节　材	可再生材料利用、建筑设计施工新技术、节材新措施和建材回收率 4 个分项	20 分

2.5　安全性能的内容框架

住宅安全性能的评定包括结构安全、建筑防火、燃气及电气设备安全、日常安全防范措施和室内污染物控制 5 个评定项目，满分为 200 分（见表 3-4）。

住宅安全性能的评定　　　　　　　　　　　　　　　　　　　　表 3-4

评定项目	分项指标	分值
结构安全	工程质量、地基基础、荷载等级、抗震设防和外观质量 5 个分项	70 分
建筑防火	耐火等级、灭火与报警系统、防火门（窗）和疏散设施 4 个分项	50 分
燃气及电气设备安全	燃气设备安全和电气设备安全 2 个分项	35 分
日常安全防范措施	防盗设施、防滑防跌措施和防坠落措施 3 个分项	20 分
室内污染物控制	墙体材料、室内装修材料、室内环境污染物含量 3 个分项	25 分

2.6 耐久性能的内容框架

住宅耐久性能的评定包括结构工程、装修工程、防水工程与防潮措施、管线工程、设备和门窗 6 个评定项目；满分为 100 分（表 3-5）。

住宅耐久性能的评定 表 3-5

评定项目	分项指标	分值
结构工程	勘察报告、结构设计、结构工程质量和外观质量 4 个分项	20 分
装修工程	装修设计、装修材料、装修工程质量和外观质量 4 个分项	15 分
防水工程与防潮防湿	防水设计、防水材料、防潮与防渗漏措施、防水工程质量和外观质量 5 个分项	20 分
管线工程	管线工程设计、管线材料、管线工程质量和外观质量 4 个分项	15 分
设备	设备设计或选型、设备质量、设备安装质量和运转情况 4 个分项	15 分
门窗	门窗设计或选型、门窗质量、门窗安装质量和外观质量 4 个分项	15 分

第三节 住宅性能分级方法

3.1 分值的设计

《住宅性能评定技术标准》GB/T 50362—2005 把评定总分定为 1000 分，五个方面性能采用了不同的满分值，适用性能、环境性能为 250 分，经济性能、安全性能为 200 分，耐久性能为 100 分。一方面便于体现每项具体指标的重要性程度，另一方面，因为五个方面性能评定内容有多有少，各个住宅专业领域研究的深度不同，由此带来专家评分的把握性不同。比如说耐久性能，这方面国内外的研究都比较浅，许多指标都是《住宅性能评定技术标准》GB/T 50362—2005 第一次设定，所以耐久性能的满分只有 100 分。

3.2 评分的基本规则

我国的住宅性能认定制度把住宅性能分解为适用性能、环境性能、经济性能、安全性能、耐久性能 5 个方面，有 28 个评定项目，98 个分项，267 个子项（分项和子项各有一项是"取其一"的关系，即当建筑设计和围护结构的要求都满足时，不必进行综合节能要求的检查和评定。反之，就必须进行综合节能要求的检查和评定，两者分值相同，仅取其中之一，所以未重复统计在内）。

为了避免打分模糊，在不分档的情况下，每个子项的打分结果，只有得分或者是不得分两种结果。比如某个子项规定三分，要么得三分，要么得零分。其他一些分档的评定子项，可以按照分档规定的分数来打分，如果 I 档也不能达到，则得零分，也不能取中间值。

通过对各项指标的打分得出五方面性能的分数，单独评价，然后在这个基础上进行综合评价，最终确定住宅的综合性能等级。

3.3 住宅性能级别的判定

住宅性能的级别要根据得分的高低和部分关键指标进行双控。住宅性能按照评定得分划分为 A、B 两个级别，其中 A 级住宅为执行了国家现行标准且性能好的住宅；B 级住宅为执行了国家现行强制性标准但性能达不到 A 级的住宅。A 级住宅按照得分由低到高又分为 1A、2A、3A 三等。

要达到 A 级住宅，五方面性能得分必须达到 60％以上，并且满足全部 18 个所有标有空心星的评定子项的要求。

要达到 3A 级住宅，五方面性能必须达到 850 分以上，除应满足 18 个标有空心星的评定子项的要求外，还必须满足 6 个标有实心星的评定子项的要求。

第四节　一票否决指标的设定

评定的分值区间是确定 B、1A、2A、3A 等级的基本依据，同时，为了体现住宅产业化政策，防止参评工程个别性能过差，但是分值却能够达到 A 级的情况，采用了分数和一票否决指标双控的办法。分别设置了空心的星号和实心的星号，作为 A 级住宅和 3A 级住宅的一票否决指标。

4.1 A 级住宅的一票否决指标

符号空心星作为 A 级住宅的一票否决指标，共涉及 18 个评定子项：

（1）居住空间、厨房、卫生间等基本空间齐备；

（2）每套住宅至少要有一个居住空间获得日照。当有四个以上居住空间时，其中两个或两个以上居住空间获得日照；

（3）厨房有直接采光和自然通风，位置合理，对主要居住空间不产生干扰（日本没有这方面的要求，但是我们国家有这方面的要求）；

（4）7 层及以上住宅设电梯，12 层及以上至少设 2 部电梯，其中 1 部为消防电梯；

（5）选址远离污染源，避免和有效控制水体、空气、噪声、电磁辐射等污染对居住生活带来的影响；

（6）住区周边的基础设施要齐全；

（7）绿地率≥30％；

（8）外墙平均传热系数 $K \leqslant Q$；

（9）外窗平均传热系数 $K \leqslant Q$；

（10）屋顶平均传热系数 $K \leqslant Q$；

（综合节能要求达到当地节能 50％或 65％的要求，可等同于以上 3 条符合要求。）

（11）结构工程设计施工程序符合国家规定，施工质量验收合格且符合备案要求；

（12）室外消防给水系统、防火间距、消防道路和扑救面的质量应该符合规定；

（13）抗震设计符合规范要求；

（14）墙体材料的放射性污染、混凝土外加剂中释放氨的含量不超过国家现行相关标准的规定；

（15）室内装修材料有害物质含量不超标；

（16）结构的耐久性措施应该符合使用年限50年的要求；

（17）防水工程设计使用年限，屋面和卫生间不低于15年，地下室不低于50年；

（18）地下室工程设计使用年限不能低于50年。

4.2 3A级住宅的一票否决指标

符号实心星作为3A级住宅的一票否决指标，共涉及6个评定子项：

（1）3个及3个以上卧室的套型至少配置2个卫生间；

（2）装修到位；

（3）楼板计权标准化撞击声压级≤65dB；

（4）楼板的空气声计权隔声量≥50dB；

（5）分户墙空气声计权隔声量≥50dB；

（6）机动车停车率≥1.0，且不低于当地标准。

第四章 住宅适用性能的评定

第一节 住宅适用性能概述

1.1 住宅适用性能的界定

住宅适用性能，顾名思义，就是涉及居住舒适度、室内环境质素、使用便利性的一些性能，它既包含住宅建筑功能空间的构成、尺度、数量和日照、通风及视线、声环境等性能，还对与居住质量相关的居住设备、设施有具体性能、数量的要求。在某种意义上讲，当这 78 条全部做到且处在高水平区段时，这个住宅就具备了相当高的适用性能了，或者说，这个住宅已为居住者提供了高舒适度和适用性的居住产品。

1.2 住宅适用性能的评定项目

住宅适用性能的评定包括单元平面、住宅套型、建筑装修、隔声性能、设备设施和无障碍设施等 6 个评定项目。适用性能的评定指标共包括 6 个项目，18 个分项，78 个子项，而在子项中还进一步在其下个层次再划分为不同的评定内容，或不同的等级或不同的舒适度标准，似这样的子项有 16 项，下含 45 个不同档次分值，关于这些条文的采用与判别将在下面逐条加以详述。

第二节 关于单元平面的子项解析

住宅单元平面的评定包括单元平面布局、模数协调和可改造性、单元公共空间等 3 个分项。共包含 10 个子项(从 A01～A10)，其中 A01、A07 又分别含有 3 个分条，本部分满分共 30 分，占适用性能总得分约 1/8。

这部分是对以户为单位的"集合式"住宅，从住宅单元或组合体的层面来评定其布局的合理性、模数协调及结构的可改造性以及公共空间的尺度与配置水平。其中，A01～A05 条，基本属于定性的条文，即在全面检测、分析住宅的平面布局及所采用的模数、结构体系后，判定者根据相关的一系列规范、技术标准及专业经验、知识，经分析提炼、综合后对住宅性能作出的判断。其评定方法是选取被评定项目的各主要住宅套型进行审查，主要套型总建筑面积之和不少于项目住宅总建筑面积的 80%，对每个套型实地抽查一套进行评定。

总体来讲，住宅单元平面的设计应根据人的居住活动基本要求和活动流线，特别是户与户间的联系、组合构成规律来布置、安排住宅单元的总体关系。要使单元内的公共空间、交通单元方便使用、空间紧凑，单元整体体形力求规整，单元平面尺度适宜，在满足自然通风采光和避免户间相互干扰的前提下，实现节能、省地，利于工业化施工和便于灵活改造使用。

2.1 住宅单元平面布局

A01～A03 是关于住宅单元平面布局的评定，评定内容包括：单元平面布局和空间利用，住宅单元外形以及进深和面宽的尺度。

A01 平面布局合理、功能关系紧凑、空间利用充分。评分分为三档：基本合理、合理、很合理。

A01 条内容涉及单元平面布局、功能关系及空间利用紧凑与充分程度。要在住宅类型选择的合理性前提下，做到单元平面布局合理和功能关系紧凑。如单元平面类型是否与当地气候、日照条件相吻合，是否存在"先天"性的平面缺欠。例如，一梯多户的塔楼平面如处理不当极易出现住户的日照、通风条件差及户间视线干扰、户与户间交通影响等问题；再如在高层住宅中如垂直交通单元(楼、电梯等)布局不当，会造成住户间的相互影响，或增加过多的公共交通面积，或影响整栋住宅的体形等等。此外，这还包括户内平面布局的考虑。如一梯多户时，如平面类型选择不当，会造成中间户通风采光效果差、房间布置困难；其他就如业内常知的动静、洁污分区比较清楚，相关的功能空间关系该远则远，该紧凑就紧凑，具体的就如：无前室的卫生间门不直接开向起居室或厨房；电梯不应与卧室、起居室紧邻布置；厨房、餐厅(如设有专用用餐空间)宜相互联系紧密，或设有户内楼梯者，楼梯位置布局应恰当等等。

上述许多问题的判断大多是依赖判定者对住宅设计、平面构成规律的熟练掌握和认识，很大程度上是在对诸多关键点的研判基础上，形成对该住宅单元平面布局是否合理的定性的总体判断。至于"空间利用充分"则是更强调了各功能空间之间关系要紧凑，没有因设计或平面类型选用不当，出现过多的无效空间——既不是交通所必需又不能被有效作为居住功能使用。此外，当然也包括对各功能空间尺度是否紧凑、合理、恰当的一个总体判断(对于每个功能空间的具体性能要求，后述相关条文中还有针对性的具体判定)。

总之，在对住宅单元做了全面、深入审视与分析后，得出总体结论，即可根据其优劣水准来选择性能分值。

在分值中分为三档，即"基本合理"、"合理"与"很合理"。应该说，当单元平面布局没有大的错误或问题，只是在一些具体处理上有不当，可以认为其属基本合理。但需注意的是，一旦被判为基本合理者，如其尚在设计阶段即通常被认为基本可以不作大改动，换言之，认定为"基本合理"还是有个基准线的。当然，"很合理"者随着近年住宅建设水平的提高，总体来讲会日趋增多，但从全面、严格要求考虑，能达到此标准还是不容易的。至于取值的方法即按本标准的统一做法，这里不再赘述。

A02 平面规整，平面设凹口时，其深度与开口宽度之比<2。

A02 条文涉及住宅单元的外墙轮廓状况。可以理解,当平面规整、外墙少有凹凸变化,不仅会减少外墙长度,降低体形系数,利于节能,同时也方便建筑的结构与建筑构造处理,便于施工建造。至于平面上设凹口时,这里的规定"其深度与开口宽度之比<2"的说法在现行有关规范中并没有规定,只是在一些专业设计经验中提出,当凹口过深、过窄或形成狭长的"夹缝"状时,在凹口底部开窗的通风、采光效果会大打折扣,近年来更通过一些实验、检测发现,过深的凹口,往往会在其间产生涡流或静压区,身处其中的居住功能空间不但采光不佳,通风条件更是恶劣,以至导致环境污染的扩散,所以对凹口的设置要认真对待,严格把关。

A03 平面进深、户均面宽大小适度。

A03 条提出"平面进深、户均面宽大小适度",这一条既关系节能又关系节地,同时又涉及住宅的采光、通风环境条件。尽管多年来,有人对此进行了研究,目前在节能设计环节中体形系数的计算也与此有一定关系,但究竟什么是"适度"的平面进深和户均面宽,在相关规范、技术规定中并无具体说法。在由建设部住宅产业化促进中心发布的《国家康居示范工程建设节能省地型住宅技术要点》(2005 年版)(以下简称《要点》)中提出:"要避免进深过小,面宽过大,造成土地使用的不经济,北方地区板式住宅进深一般控制在 13~15m 为宜,南方地区板式住宅进深一般控制在 11~13m 为宜。"《要点》的这一提法与目前多见的住宅设计尺度相近,可作为参考。无疑,户均面宽、住宅进深大小还与户型大小、住宅单元平面类型有关,适宜的大小尺度还要从每个住宅的具体情况去研判,只要掌握一定的专业知识与经验,一般来说,一些不当的进深、面宽情况也不难判别。

2.2 模数协调和可改造性的评定

A04~A05 是关于模数协调和可改造性的评定,评定内容包括:住宅平面模数化设计和住宅户内空间的灵活分隔和可改造性。

A04 条提出住宅平面设计符合模数协调原则。关于住宅平面的模数的采用,多年来随着住宅建造体系的演化也在不断变化中。尽管当前随着新型建材、外墙构造和钢筋混凝土现浇技术的发展,模数的采用更趋多样,但为了简化和方便施工,提高工业化水平,同时兼顾住宅空间中的部品的配置更加方便,住宅平面仍要根据其所选用的建筑结构体系考虑,正确选择模数系列和做到模数的协调。如选用利用工业废料烧结的砖制品砌体结构,就要考虑砖材的模数,而采用钢筋混凝土框架体系,则要使各向尺寸符合模数协调,如选用 1Mo、扩大 3Mo 等,不应使平面尺寸随意化,将分模数或一些小尺寸也用于平面开间、进深柱距、跨度等部位。

A05 条关于结构体系有利于空间灵活分隔的要求,这是为实现住宅的可改造及空间的可变性所必要的条件。要尽量减少过多的大面积钢筋混凝土墙或承重墙的设置,以为日后改造提供可能;一般而言,相比之下,框架体系要比砌体承重结构在空间分隔上更加灵活。

从以上对 A01~A05 条条文的简要介绍、说明中可以看到,这些子项的内容多属综合性的，故对其判定也是要在全面阅读、分析基础上进行评定。除全面审视单元平剖面，更要关注标准层，通过比较，全面、深入地了解了该住宅的技术信息后，加以综合判别并得出其性能分值。当然这些子项也是比较重要的。从其分值看，五项总计20分，平均每项4分，高于适用性每条均值3.2分的水平。

2.3 单元公共空间的评定

A06～A10是关于单元公共空间的评定内容，包括单元入口进厅或门厅的设置；楼梯间的设置以及单元内的垃圾收集设施。由于主要是针对单元的公共空间的配置、尺度的性能要求的，相对来讲每条内容比较具体，可作对照性判断。五项共占10分，平均每项2分。

A06条针对公共交通空间的采光的性能要求。一是提出门厅、候梯厅有自然采光，当然在一些住宅中由于各种条件限制，在门厅，特别是候梯厅难于做到有自然采光，但从使用效果来看，有自然采光不但可节省电能，更为人们的心理上带来良好感受，提高了居住的质量。

对于窗地面积比的要求，现行《住宅设计规范》对楼梯间要求是1/12，这与《建筑采光设计标准》(GB/T 50033—2001)是一致的，在本项中则考虑对门厅和候梯厅的采光要求加以提高，定为不小于1/10，这与国外，如日本的标准是相近的，而且就目前国内常见方案考量，开设一个宽1.2m的普通侧窗即足以解决好18m^{2}大小的候梯厅的采光问题，这在设计中也并非十分困难。

A07条提出单元入口处设进厅或门厅，并对其使用面积及信报箱(间)设置分为三档评分。

本项是关于单元入口处的空间及配置要求。

在多层住宅底层设进厅，高层住宅底层设门厅可为居民提供交往、停留的空间，在其中还可设置信报箱等设施，有时其空间还可与物业管理、保安等需要相结合。而各层住宅单元入口"按户设置信报箱"，"高层住宅的公共出入口应设门厅、管理室及信报间"等也正是《住宅设计规范》的要求，再加上对无障碍通行等方面的考虑，在本条中对门厅、进厅使用面积作了分级，辅之以是否设有独立信报间或信报箱等，以上可根据设计的具体情况予以性能的判定。常见一些设计者忽略了进厅或门厅的设置或进厅(或门厅)使用面积配置不足，或在多层、中高层住宅底层无独立信报间等，应予以注意。

A08 电梯候梯厅深度不小于多台电梯中最大轿厢深度，且≥1.5m；

A09 楼梯段净宽≥1.1m，平台宽≥1.2m，踏步宽度≥260mm，踏步高度≤175mm；

A10 高层住宅每层设垃圾间或垃圾收集设施，且便于清洁。

A08、A09及A10条是关于交通空间的尺度及高层住宅垃圾收集设施的内容。这些都源自一些现行规范规定，如《住宅设计规范》中第4.1.9条、4.1.3条和4.3.1条及《住宅建筑规范》等，其内容既关系使用的安全又和无障碍通行等有关。如《民用建筑设计通则》中第3.5.2条中要求，设置电梯的民用建筑的公共交通部位应设无障碍设施。而这其中就包括考虑轮椅上下电梯的要求。要说明的是，在电梯的设置中考虑可容纳担架的做法，近年来随着建设水平的提高，对人的深切关怀，"以人为本"理念的深入人心，已提到议事日程，而这一做法，在现行《住宅设计规范》中也已有要求，提出"12层以上的高层住宅，每栋楼设置电梯不应少于两台，其中宜配置一台可容纳担架的电梯"。以上虽与本条文无直接关系，对其是否设置还要作全面考虑，包括其对工程设计的各方面影响，如可能会对电梯及交通厅的尺度有所影响等，但这一问题值得认真考虑，而且在住宅适用性能中无障碍设施的 A72 条对此也有相应规定。另外在 A10 条中所提垃圾收集设施，其可能是有保证通风、卫生的垃圾袋存放间，也可以是其他类型收集设施，但不论何种形式都不应对住户的生活环境造成不良影响。

第三节 关于住宅套型的子项解析

住宅套型的评定包括套内功能空间设置和布局以及功能空间尺度 2 个分项。评定方法是选取被评定项目的各主要住宅套型进行审查，主要套型总建筑面积之和不少于项目住宅总建筑面积的 80%，对每个套型实地抽查一套进行评定。

上一节是涉及单元平面的内容，在本节则由住宅单元进入套型。住宅套型可视为适用性能的第二大部分，也是关系人们居住品质的十分重要的部分。从其分值分布来看，18 条子项满分为 75 分，每条平均超过 4 分，其总分也是适用性能 6 大部分中囊括分数最高的部分之一，虽设备设施部分总分可与其相比，但该部分是涵盖了 4 个分项 28 条子项。此外，在对住宅适用性能有"一票否决"作用的，标有☆号者子项条文，均集中于本部分中，共有三条，其中任何一条未达到则该住宅的适用性就被全部否决，不能达标。另外还有一个★号子项条文，是对评定对象能否被认定为 3A 级的关键条文。

住宅套型部分分为套内功能空间设置和布局与功能空间尺度，从条文内容来看，从判定方法角度考察，可大致将其视作对"有无"达到和尺寸"大小"的两种判别方法。该部分每个子项条文内容规定大都相对比较具体、明确，只有个别条款，如 A23"主要功能空间面积配置合理"，对其是否"合理"，尚需通过对住宅作较全面的审视、比较与分析后再判定外，其余均可一一对应做出结论。

3.1 住宅套内功能空间设置和布局

A11 条至 A22 条是关于住宅套内功能空间设置和布局的评定。内容包括：套内卧室、起居室(厅)、餐厅、厨房、卫生间、贮藏室、阳台等功能空间的配置、布局和交通组织；居住空间的自然通风、采光和视野和厨房位置及其自然通风和采光。本项满分为 45 分，评定方法是取占住宅总建筑面积 80% 以上的各主要套型来评定。

A11 条，这是标有☆号的条文。就条文内容"套内居住空间、厨房、卫生间等基本空间齐备"来看，那种不配备厨、卫的住宅，例如几户共用厨房、厕所的状况和住宅设计，今天几乎已难得见到，本条的内容既体现了对成套住宅的基本概念的认识，也反映出作为实现住宅适用性能的在功能空间配置上最起码、最基本的要求。在《住宅建筑规范》中，关于住宅基本性能要求，即提出"每套住宅应设卧室、起居室(厅)，厨房和卫生间等基本空间"。而在《住宅设计规范》中则进一步明确：住宅套型设计，每套住宅应设卧室、起居室(厅)、厨房和和卫生间等基本空间(第3.1.1条)。这里可以讨论的是条文中"居住空间"的概念。它是将睡眠休息、交往等用途的空间均视作居住空间。在《住宅设计规范》的术语解释中，2.0.3条"居住空间(habitable space)，系指卧室、起居室(厅)的使用空间"。此外，在近年来随着城市生活结构方式的变化，一些专供起居或睡眠功能的空间使用情况也在变化中，例如，卧室、起居室二者功能的划分不再那样明确；有些小户型住宅设计也不刻意追求设置专门的起居厅，而是与卧室合并利用等，基于以上情况，所以条文的文字既与相关规范保持了一致，同时也为从基本空间设置的判定上对成套住宅的判别界限留有余地。当然对于一些虽可划入居住建筑类，但往往无真正意义上的厨房设置的公寓类建筑，就无法加入到住宅性能认定的范围中来了。

以上所以用了一些篇幅对A11条作了一些讨论，除了说明提出本条的意义所在之外，也是鉴于本条属于有☆号条文，十分重要，需认真考虑，以免误判。

A12条是对套内功能空间配置要求的规定，这里首先需要说明的是关于对一些功能空间的概念、内容的界定问题。

(1) 贮藏空间：可供储存生活用品的空间，其应是专用的，可以是壁柜、吊柜，而近年来出现并受到居民欢迎的可进入式或有一定使用空间尺度、面积要求的贮藏室(间)当然也属此类。从条文中可以看出，设置贮藏室是被提倡的，且被视为高居住性能，故得分也高。

(2) 用餐空间：可供就餐的空间，其尺度当然应能放置餐桌并提供一定数量的就餐位。它可以是和其他功能空间相组合的，如常见的与起居厅相连接而设置，或设于过厅一角，或有的就设于面积较大的厨房中等等。然而以用餐为主并可兼作其他功能用途的独立餐厅布局方式，出现在一些中等套型住宅中并受到欢迎。这种设置方式，用餐空间不被穿行，用餐行为空间更为稳定，生活质量显得更高，这也是本条文所认为性能比较高的空间配置特征之一，当然如同贮藏间一样，也有一定的空间尺度要求，不是任一大小的空间都可被认作是独立餐厅。

(3) 入口过渡空间：由入户门始至户内其他各功能空间的起点，也是人们入户的第一个功能空间，它既有"过渡"的作用，也有其实际生活功能。如出入户时的更衣、换鞋，一些生活用具如伞、镜的置放；迎送与简单接待功能，当然还有视线与空间的折转、过渡，以使户内外的活动有一个隔离和过渡。

在实际判定时，有些住宅可以很明确表现有可供人们出入户使用的过渡空间，而有些则要通过室内装修二次分隔才能划定，但无论何种情况，住宅入户后是否有过渡空间的设置或为其留有安置的空间可能，还是可以从设计中判断出的。

(4) 书房(工作室)：这是随着套型面积提供的可能和居住生活内容要求提高而出现的。一般来说，这种空间表现为尺度可大可小，大者如同一个普通卧室尺度，而小者可以是附在另一相关功能空间的数平方米，只是可供放置工作台、座椅或电脑等设备的小空间，面积大致与小卧室相当。此外，它还有更高的声环境性能要求。

在实际评定中，具有多个功能空间的住宅并未特意标明某一间是书房(工作室)，一般来说，对此可以认定其也具备设置书房（工作室）的条件。

根据被评定的住宅的套内配置情况，A12 条提供了三种评分选择。

A13　功能空间形状合理，起居室、卧室、餐厅长短边之比≤1.8。

对本条内容的前一半，"功能空间形状合理"的理解可以有两层，一是住宅套型中少设或没有非矩形的异型空间，如多边形、三角形及圆形等，这些形状空间的平面使用效率低，不便布置家具，结构构造相对也比较复杂。虽然在实际工程中出于其他方面的考虑，也有采用者，但在此尤其是在中小型面积户型住宅中，从适用角度考虑，还是不提倡、不鼓励。至于在具体判定时，除上述认识外还有一个量的概念，即异型空间占多大比例、偶用还是大量采用，可分析后再作出判断；第二层理解要联系本子项条文的后一半："起居室、卧室、餐厅长短边之比≤1.8。"换言之，功能空间形状合理者应做到起居厅等矩形空间长短边之比≤1.8。对于矩形居住空间的开间、进深尺度比例，在业界有说法而少见定规。从采光、通风考虑，一般认为，进深过大不利采光均匀和通风的顺畅；从功能流线来讲，进深越大，穿越的流线越长，对提高使用效率和家具布置不利；从空间视觉心理来讲，窄长的空间有过强的指向性，会对人产生一定心理压迫感等等。无疑，空间长宽比值都取黄金比最佳，但并不现实，故业内有一种说法，一般不宜＞2，尤其在住宅这种以小尺度空间构成的建筑中。对此，在《要点》（2005 年版）中提出：住宅"功能空间形状合理，矩形房间长短边比≤2"。本条文定为≤1.8，从标准看稍高于上述要求。从实际工程情况看，定为≤1.8 一般是不难达到的（以 2.7m 开间为例，其进深可达 4.8m），而一旦超过此值则可以认为该空间的一些性能（如采光、通风等）已受到影响。二者规定的区别在于，《要点》的比例规定，适用所有矩形房间，当然如果厨房为矩形也包括在内，在本性能标准规定之空间形状比例不含厨房、卫生间。对此可以理解为起居室、卧室、餐厅为主要功能空间，家具多，而厨卫尤其是厨房在实际工程设计中由于条件所限，往往会有小开间大进深的情况出现。尽管如此，本条的设置显然意在要控制空间比例，以方便使用，提高空间利用率。

A14　起居室（厅）、卧室有自然通风和采光，无明显视线干扰和采光遮挡，窗地面积比不小于 1/7。

本项规定明确，易于把握，只是条文中指起居室（厅）、卧室要"无明显视线干扰和采光遮挡"，这是考虑到在一些住宅类型中，一些套型经组合后会使得某些户的起居厅（或卧室）窗前被其他伸出的房间墙体所遮挡，有的还是邻户的窗与之相对，从而出现视线干扰。在实际工程中，如塔楼或一梯多户的塔、板组合住宅楼的设计中，如处理不当容易出现此类情况，需予以注意。

A15 条是与国家有关住宅日照标准的规定相一致的（见《城市居住区规划设计规范》GB 50180）。在国家标准中属强制性条文，因此在本标准中成为带☆的一票否决评定子项。

这里需要提起注意的是，对条文后一半的规定中所提"当有 4 个以上居住空间时，其中有 2 个或 2 个以上居住空间获得日照"，这在大户型设计中要达到这一要求才能获准通过。

A16　起居室、主要卧室的采光窗不朝向凹口和天井。

本项是标准编制组在总结近年来住宅建设经验后提出的一项体现住宅适用性能要求的内容。对凹口可能会产生的不利于采光、通风和污染环境的诸多问题前已有分析，而作为一套住宅中人们经常使用的起居空间和作为睡眠休息的卧室，如将采光窗开向凹口，即使凹口有一定宽度，也许不会带来上述其他不良影响，但仅从视线干扰、视界条件来讲也不是高素质的居住条件，所以这里提倡起居室、主要卧室的采光窗不朝向凹口和天井设置。

A17　套内交通组织顺畅，不穿行起居室(厅)、卧室。

本条所指"套内交通组织顺畅"，首先可以理解为由入户始，与各功能空间之间的联系直接、紧凑，少转折、迂回和穿越，这在住宅设计中是基本要求，这不但可方便各功能空间的联系，而且可减少交通用的空间。此外本条不仅是泛指户内交通流线的组织状况，而更关注起居室(厅)与卧室是否因为交通流线组织得不好而被穿行。可以理解为这两个功能空间因其功能性质与使用要求，如安静和相对集中的活动性质而不应被其他流线所穿越。为此，在《住宅设计规范》中就有如下的规定："起居室(厅)内的门洞布置应综合考虑使用功能要求，减少直接开向起居室(厅)的门的数量"(见规范3.2.3条)，这样规定也是为了避免人流路线对起居室(厅)的穿通、干扰。这里顺便提及，为保证居民上下楼时的方便、顺畅，在户内垂直交通的组织上，对于曲线(弧形)楼梯要慎用。

A18　套内纯交通面积≤使用面积的1/20。

对于本条首先需要讨论的是：什么是"套内纯交通面积"。在住宅套内可提供作为交通功能的一是过道，二是户内楼梯，前者正如《住宅设计规范》2.0.14条对其的解释，过道是"住宅套内使用的水平交通空间"，而后者则是套内垂直交通空间。而本条所指"纯"交通面积应该理解为，即是套内的过道与楼梯，这类空间与其他功能空间在空间范围上不相跨越、互用，只是相连接，在功能上也难于再兼作其他用途，这种情况下即可认为其属"纯交通面积"。再如一个过厅，如果由于其尺度不够或开门过多无法兼作休息、用餐等用途时，这时也应视作"纯"交通用途。本条规定意在促进、提高住宅内部空间的使用效率，使每部分功能空间可以发挥更积极有效的功能作用，既让居住者用得实惠，又同时达到省地的目的。

A19　餐厅、厨房流线联系紧密。

本条内容所指很明确，可以理解为餐、厨空间二者紧密相连，甚至空间相接穿套等(如厨房门开在餐厅里)，这就为使用带来极大方便和提高适用性能。

A20　☆厨房有直接采光和自然通风，且位置合理，对主要居住空间不产生干扰。

本条所以有☆号，系因其内容的前半段"厨房有直接采光和自然通风"的规定，正是反映了国家现行规范的强制性条文规定："厨房应有直接采光、自然通风"(《住宅设计规范》3.3.2条)的要求。近年来，有在住宅中设置所谓中、西厨，并认为西厨可以无直接天然采光、自然通风，但无论怎样变化，作为住宅的厨房(或上述情况的中式厨房)必须有开向室外的窗，以解决自然采光、通风问题。

这里可以讨论的是厨房如何设置才算位置合理。在《住宅设计规范》中提出，厨房"宜布置在套内近入口处"，而在实际工程设计中，由于不同户型、不同部位平面组织等原因，一些套型的厨房的位置可能不在近入口处。从使用情况观察，由于进入厨房的主副食"原料"状况近年来已有了很大变化，其出售前加工已更精细，燃料中也少见用柴、煤等，故厨房在近住户入口处相宜，而设于不近入口处也无不可，所以首要的是从套内总体布局和设备设施的安排来考察，如果厨房位置合理，餐厨联系也紧密，不会对主卧室、起居厅(室)造成视线、流线和气味的影响，也就可判定为"位置合理"。

A21 ★3个及3个以上卧室的套型至少配置2个卫生间。

本子项条文涉及卫生间数量的配置问题。对此条的讨论可与A22条一并进行，A22条提出至少设1个功能齐全的卫生间。

无疑，一套住宅中必须设有卫生间，这是前条(A11)的规定，这里(A22)进一步明确，每户"至少设一个功能齐全的卫生间"。所谓"功能齐全"，按照《住宅设计规范》2.0.7条对卫生间概念的诠释："供居住者进行便溺、洗浴、盥洗等活动的空间，"这其中已对人的卫生活动内容作了基本界定，即便溺、洗浴、盥洗类，相对应的设施即便器、洗浴(淋浴或盆浴)和盥洗盆(台)，有了这些设施即可认为"功能齐全"。反之，可以认为，当一户住宅只设一个卫生间时，如只有便器和洗浴而无盥洗盆(台)时即不算齐全(附带提及，这条内容在此后要述及的厨卫设施部分中子项A44也有同样的规定)。

关于在一套住宅中设置两个卫生间的提法，此前在《住宅设计规范》3.4.1条中曾有"每套住宅应设卫生间，第四类住宅宜设二个或二个以上卫生间"的规定。这里用"宜"字，说明规范认为在条件许可时，首先应作这样的选择，而这也正切合了时下随着居住水准、质量的提高，应适当加大厨、卫面积，增加卫生间数量的认识和做法。按《住宅设计规范》的提法，第四类住宅系指《城市住宅建设标准》中规定的较高标准的住宅，其使用面积(下限)为68m²/户，约折合建筑面积为85～100m²/户。在这样规模大小的套型中就提倡设2个以上的卫生间，足见规范的导向性，而实际上这也确实可显著提高住宅的适用性和居住的质量。当然，当配置2个及以上卫生间时，这里并未强调所有的卫生间都需"功能齐全"。顺便提及，在设有两套卫生间时，其一般常作"分工"，即专用和公(客)用，在位置及面积分配上也有所区分，以与其使用功能相适应。

3.2 住宅套型功能空间尺度

A23～A28条是关于住宅套型功能空间尺度的评定，包括以下主要内容：

(1) 功能空间面积的配置是否合理；

(2) 起居室(厅)的连续实墙面长度；

(3) 双人卧室的开间尺寸；

(4) 厨房的操作台总长度；

(5) 贮藏空间的使用面积；

(6) 功能空间净高。

在A23～A28子项条文中，除A23外都是十分明确的数字规定，使用时只需用来与被检评的住宅一一对照、评定即可。评定方法也是取占住宅总建筑面积80%以上的各主要套型来对照条文取值评定。

A23 条中所指"主要功能空间"按照业内常例包括：卧室（含主、次卧室）、起居室（厅）、餐厅、厨房、卫生间等（贮藏间既是次要功能空间且在 A27 条中又有专门面积规定，在此略去）。对于上述功能空间面积已见有正式文件规定者不多。所见有两类，一是对其低限值作出规定者，见于国家标准《住宅设计规范》，摘录如下：

双人卧室≥10m² （为使用面积，下同）

单人卧室≥6m²

兼起居（厅）≥12m²

厨　房：一、二类住宅（注：即一般称作小户型住宅）≥4m²

　　　　三、四类住宅（注：即中等户型住宅）≥5m²

卫生间：三大件的≥3m²

　　　　二大件（注：便器与洗浴或洗面器的组合）≥2～2.5m²，单便器的≥1.10m²。

而《要点》中提出的普通住宅功能空间使用面积的标准和联合国有关组织对此的规定见表 4-1、表 4-2。

一般住宅功能空间使用面积（单位：m²）　　　　　　　　　　表 4-1

功能空间	面积指标	备　注
主　卧　室	12～16	
其他卧室	8～10	
起居室（厅）	14～22	开间≥3.6m，且可用于布置家具的连续直线墙面长度≥3m
餐　　厅	8～12	
厨　　房	5～8	操作台延长线不小于 2.4m，净宽不小于 1.8m
卫　生　间	4～5	双卫生间总面积不小于 6m²
储　藏　间	1.5～3	
工　作　室	6	
工　人　房	6	直接采光、通风
阳　　台		主阳台进深≥1.5m，服务阳台进深≥1.2m

联合国有关组织提出的 3～5 口之家住宅中功能空间的最小面积　　　表 4-2

功能空间	使用面积（m²）	功能空间	使用面积（m²）
起居＋就餐	18.6	第二卧室	12.0
厨　　房	7.0	第三卧室	8.0
第一卧室	13.9	总　面　积	59.5

资源来源：田东海. 住房政策：国际经验借鉴和中国现实选择. 清华大学出版社，1998

为进一步分析，这里制作了一个以常用开间、进深尺寸构成的主要功能空间面积分析表（见表 4-3），以表中数据对照前使用面积标准相关规定，可以看出，结果大多相近。此外，主要功能空间面积配置合理，既要求每个功能空间本身都处在合理水平，同时也不要出现某一功能空间过大过小，造成各部分比例失调的情况。与此同时对厨卫等面积的确定还要兼顾其开间的合理选择。

主要功能空间面积分析表 表 4-3

进深方向适用范围		面积(m²) 开间(m) 进深(m)	2.7	3.0	3.3	3.6	3.9	4.2	4.5	4.8
次卧室及餐厅		3.0	7.00	7.84	8.68	9.52	10.36	11.20	12.04	12.88
		3.3	7.75	8.68	9.61	10.54	11.47	12.40	13.33	14.26
		3.6	8.50	9.52	10.54	11.56	12.58	13.60	14.62	15.64
		3.9	9.25	10.36	11.47	12.58	13.69	14.80	15.91	17.02
主卧室	起居室(厅)	4.2	10.00	11.2	12.40	13.60	14.80	16.00	17.20	18.40
		4.5	10.75	12.04	13.33	14.62	15.91	17.20	18.49	19.78
		4.8	11.50	12.88	14.26	15.64	17.02	18.40	19.78	21.16
		5.1	12.25	13.72	15.19	16.66	18.13	19.60	21.07	22.54
		5.4	13.00	14.56	16.12	17.68	19.24	20.80	22.36	23.92
		5.7	13.75	15.40	17.05	18.70	20.35	22.00	23.65	25.30

开间方向适用范围

起居室(厅)
主卧室
次卧室等
餐厅

注：1. 计算结果按横列、竖列的数字为各减去 0.2m 后的乘积，即墙厚内墙按 200mm 计，外墙轴线内侧按 100mm 计。

2. 图中黑粗细框出的为常用范围部分。

如单排布置操作台时开间(轴线)宜≥1.8m，而双排布置以不小于 2.4m 为好，当然过大也不符合人体工学原理，降低使用效率。总之，A23 条的判定是在对几个主要功能空间面积作综合权衡后，依靠专业知识及工程经验对其作全面判断后所作出的决定。由于其包含内容多，相对影响大，所以仅此一条即占 7 分，如此高分值(7 分及以上)子项条目在适用功能的全部 78 条中，只有 4 条。

A24 条的设置主要是保证起居室(厅)内的家具与设施的布置的空间(墙面)尺寸的最低需要，避免因过多开门、开洞等无法安置必要的设施。与此内容相近的是《住宅设计规范》中，规定"起居室(厅)内布置家具的墙面直线长度应大于 3m"(见规范第 3.2.3 条)。

A25 条的规定应视作低限值，如再扣除结构尺寸等，其所余净宽只能容一个床(长度方向)和通道宽度之需，很难再作其他安排。

A26 条对厨房操作台总长度的规定是炊事作业之必需。按照当下生活质量提高及发展之趋势，人们在厨房中不仅是烹饪，还有其他饮食制备活动之必需空间，小型家用电器品种也在不断增加，所以本规定总长度低限值为 3.0m（注：总长度可分段累加，但也需注意，不能分段过多），这虽较《住宅设计规范》3.3.3 条规定的"操作面净长不应小于2.10m"有所增加，仍应视作低限值，故应确保才可得分。

A27 条所指贮藏间（室）系指可进入的用于贮物的空间，壁柜、吊柜不属此类。如数量不止一个，其使用面积可累加计算。

A28 条的规定与现行规范（如《住宅设计规范》等）是一致的，这里需提出的是其高限值。控制住宅层高目的在于节地、节能、节材，在住宅设计中不应一味追求过大的层高。此外，对于户内设置双层高的所谓"中庭"空间也需控制。

第四节　关于建筑装修的子项解析

A29～A32 条对住宅套内及公共部分建筑装修专设了定性指标。住宅的建筑装修评定内容包括：住宅套内装修和公共部位装修。

对住宅装修的评定方法是在全部住宅套型中，现场随机抽查 5 套住宅进行检查。

4.1　住宅套内装修

A29、A30 条是关于住宅套内装修的评定。

A29　门窗和固定家具采用工厂生产的成型产品。

本条规定的住宅的门窗采用工厂生产的成型产品，这在当前一般住宅建造工业化水平下都能做到，而住宅室内的固定家具（如壁柜，吊柜等），如不是与装修一体考虑，很难做到采用工厂生产的成型产品，在评定中要予以注意。

A30 条反映出当前在政府提倡住宅装修做法为精装修一次到位，即全装修交房做法中的两种形式。A30 条的"Ⅰ厨房、卫生间装修到位"，是在尚不能做到全部装修到位的一种做法，即考虑到厨房、卫生间部分的设备管线复杂，设备设施多，水、电、气俱全，为尽量减少住户二次装修带来的问题而将厨、卫装修后交付使用，这种做法在我国香港、台湾等地都有采用，有一定效果。如被评审项目采用此种方式装修，可得 10 分。当然，最好是住宅全装修到位，这在国内已有多个成功案例。此条不仅得分高：一条即得 15 分，是适用性能中 78 条的单条最高分，而且是评定 3A 级的必备条件，故标有★号。反之，如果做不到全装修，即使其他项得分再高也不能进入 3A 级，而且要一下去掉 15 分（或最多也只能得到因厨房、卫生间装修到位的 10 分）。

4.2　公共部位装修

A31、A32 条是对住宅单元公共部位及外部装修的评定。

A31 与 A32 条都是根据申报项目在住宅公共部位装修所采用的装修做法的档位（包括用材、做法及效果），参照同类建筑室内或外部装修的标准，对其作出的一般判别。判别的内容无非是用材适度、美观大方、耐用易洁等。而在住宅中其安全适用则更应予以关注。子项条文中对门厅、楼梯间或候梯厅装修及住宅外部装修水准均分为三个档位判断，即较好、好、很好。试举一例，如有住宅在候梯厅的装修采用了近似一般酒店的做法，不但所用材质好，而且照明也十分讲究，色彩、质感搭配合理，看上去档次很高，顿使住宅水准提升。而由于公共部位面积有限，这种投入达到了以小博大的效果，也提升了居住环境质量。

第五节　关于隔声性能的子项解析

住宅隔声性能的评定包括以下几个部位：楼板、墙体的隔声性能；管道的噪声量和设备减振和隔声，包含自 A33～A40 共 8 个子项的评定内容，满分是 25 分。

评定办法是由评审专家组审阅检测报告及参阅设计图纸提供的结构、构造做法后给予评定。对于申报 3A 等级的还需进行实地抽查、检测。

5.1　住宅的声环境

住宅声环境是指住宅内外各种与声音有关并直接或间接影响居民居住生活质量的环境因素，是反映住宅建筑舒适程度的一个重要方面。

舒适的住宅声环境通常有两个方面的含义：一是低噪声，即要求住宅内外的噪声不会对居住者产生心理或生理上的不良影响；二是声音私密，即日常居家生活中的声音不会被邻居听到，家庭内的一般活动也不会对邻居造成噪声干扰。

住宅声环境性能主要取决于住宅室内外噪声环境影响、住宅的隔声质量和防噪措施。

5.2　关于性能评定中的声学指标

关于住宅性能的隔声性能中共设定了楼板、墙体(其中包括外墙与分户墙)、户门、户内卧室、书房的内隔墙以及排水管道与设备几项的隔声、减振、防噪性能要求。

总体来讲，上述隔声性能指标是与我国有关现行标准规范是保持一致的。如 A33～A35 条基本取用了 GBJ 118—88《民用建筑隔声设计规范》中规定的住宅室内允许噪声级(见表 4-4、表 4-5)。

我国住宅分户墙及分户楼板空气声隔声标准(dB)　　　　　　表 4-4

隔声等级	一　　级	二　　级	三　　级
计权隔声量 R_w	≥50	≥45	≥40

我国住宅楼板撞击声隔声标准(dB)　　　　　　表 4-5

隔声等级	一　　级	二　　级	三　　级
计权标准撞击声压级 $L_{nt,w}$	≤65	≤75	≤75

由于国标 GBJ 118—88 为 20 世纪 80 年代制订，限于条件其指标规定与国外相比仍属于低限值，标准不高，据悉该标准正在修订中。而考虑到住宅性能标准实施的可靠性，目

前评定标准仍采用与现行国标相对应的指标。

国内外研究资料表明，分户构件的隔声量达 55dB 时，听不到隔壁邻户的一般噪声（弹奏钢琴等特大声响除外），可以满足不受隔壁噪声干扰和户内交谈"私密性"的理想要求；隔声量在 45dB 时，在周围环境较安静的情况下，可以觉察到邻室有人，可听到电视声但声音较弱，不易辨别；隔声量低至 40dB 时，则"隔墙有耳"，甚至在安静时连隔壁的电话铃声也能"声声入耳"。楼板的计权撞击声压级小于 55dB 时，听不到楼上的脚步声，此时生活可以不受限制；计权撞击声压级达 65dB 时，留神注意则能听到楼上的脚步声，计权撞击声压级达 75dB 时，一般可听到脚步声，但如果生活上加以注意便无问题。考虑到 3A 级住宅应具备更高的舒适度，只有达到较高隔声性能的才能被评定为 3A 级，所以在 A33、A34 及 A35 中有三个级别均标有★符号。

5.3 楼板的隔声性能

楼板的隔声包括对撞击声和空气声两种声的隔绝性能。一般来说，达到楼板的空气声隔声标准不难，因为目前常用的钢筋混凝土材料具有较好的隔绝空气声性能。据测定，厚 120mm 的钢筋混凝土板空气隔声量在 48～50dB，如果再加上其他构造措施效果就更好，但 120mm 厚的钢筋混凝土板对隔绝撞击声则显得不足。据测定，撞击声压级在 80dB 以上，远达不到要求。所以在一些工程中，采用聚苯泡沫板做垫层，其撞击声改善量约为 5～8dB，而采用矿棉、玻璃棉做垫层的建筑楼板，撞击声改善量可达 15～30dB。

楼板的隔声十分重要，是形成良好户内声环境的重要环节，要予以关注。一些不同材料及构造的计权隔声量及撞击声声压级可参见本节后附图表。

楼板的撞击声声压级及空气声计权隔声量的测试应按照现行国家标准《建筑隔声测量规范》GBJ 75 进行。

5.4 墙体的隔声性能

A35～A38 条是关于分户墙（含窗外墙）、户门和卧室、书房的内隔墙的隔声性能的评定标准。

这里对"计权隔声量"中"计权"的概念作一简要说明。所谓"计权"概念，是因为人的听觉构造和心理原因在不同声环境和音频的条件下，人对各种不同声音的感知是有选择的，即客观上所有的声音并不能全为人所获得感受，故在声学测量时，为能反映客观声音的主观感觉，需要考虑人耳的频率响应，在声学接受系统中插入和人耳频率响应相近的计权网络，对不同频率成分作不同计权衰减，以使测得的声学量——声级和人的主观感觉较一致，此即为计权声级。

分户墙是达到居住私密性，形成户与户之间的重要屏障，因此其隔声量要求更高，而且作为 3A 级还必须达到≥50dB。而往往被忽视的户内隔墙的隔声，在这里也有明确要求。卧室与书房需要相对安静的环境，因此要至少达到 30dB（见 A38 条）。而含窗的外墙由于窗的隔绝空气声的效能较低，故总体上计权隔声量有所下调。

常见的构造做法中，200mm 厚的钢筋混凝土板或承重砌块墙，其隔声量通常在 50dB

左右。而如果采用轻质墙体，如框架填充加气混凝土（粉煤灰加气）砌块或条板，其隔声量通常在 45dB 以下。

门、窗的隔声除取决于材料外，还与其构造、门窗扇的密封程度有关。

节能双玻中空玻璃窗（包括断热铝合金、塑钢窗、木窗和玻璃钢材质窗）的隔声量通常在 25～35dB。双玻中空玻璃节能窗的隔声性能与窗型、玻璃厚度、密封等有关。一般平开窗的隔声量比推拉窗的隔声量大，通常前者在 30～35dB，后者在 25～30dB。而采用真空、加气和低辐射玻璃的节能窗对隔声量的提高并没有很明显的效果。

至于隔墙材料因其材质、构造不同也有不同的隔声性能。作为分户墙最宜采用重材料，如钢筋混凝土，其不但具有良好的隔声性能，同时还起到防火隔绝的作用。

而砌块墙体——常用砌块主要有各种轻骨料混凝土空心和实心砌块，硅酸钙、加气混凝土砌块等。砌块墙的隔声量随着墙体的重量、厚度的不同而不同。水泥砂浆抹灰轻质砌块填充隔墙的隔声性能，在很大程度上取决于墙体表面抹灰层的厚度。两面各抹 15～20mm 厚水泥砂浆后的隔声量约为 43～48dB，而面密度小于 $75kg/m^2$ 的轻质砌块墙的隔声量通常在 40dB 以下。

砌筑轻质材料隔墙的条板通常厚度为 60～120mm，表观密度一般小于 $1000kg/m^3$，具备质轻、施工方便等优点。一类是匀质材料板，如蒸压加气混凝土条板、硅酸钙条板等，这类单层轻质板的隔声量通常在 32～40dB 之间；另一类是由密实面层材料与轻质保温芯材在工厂预压复合成的预制夹芯条板，如混凝土岩棉或聚苯夹芯条板、纤维水泥轻质夹芯板等，其隔声量通常在 35～44dB 之间。

在施工现场制作的龙骨夹芯轻质墙体，薄板用作墙体面层板，厚度一般在 6～12mm。常用品种有纸面石膏板、纤维石膏板、纤维水泥板、硅钙板、钙镁板等，中间填充岩棉或玻璃棉。薄板本身隔声量并不高，单层板的隔声量在 26～30dB 之间，而它们和轻钢龙骨、岩棉或玻璃棉组成的双层中空填棉复合墙体，则能获得较好的隔声性能，它们的隔声量通常在 40～50dB 之间。增加薄板厚度或层数，可使墙体具有较高的隔声效果，隔声量可大于 50dB。

现场喷水泥砂浆面层的芯材板墙中，常用芯材板有钢丝网架聚苯板、钢丝网架岩棉板、塑料中空内模板等，这类墙体的隔声量与芯材类型及水泥砂浆面层厚度有关，它们的隔声量通常在 35～45dB 之间。

由上可见，除薄板复合墙可获得较高的隔声量外，大部分轻质保温隔墙的隔声量在 45dB 以下。诚如前述，如果分户墙不能采用钢筋混凝土材料而要使用轻质材料，则需采用双层墙或复合墙体构造。

上述只是一般经验数据，由于施工质量的不同，或墙体中敷有管线、开有孔洞等情况，其隔声量还需据测定资料或经过现场测定（要达到 3A 级）才更为准确。本节后备附的图表也仅供一般判定或设计阶段时参用。关于墙体和户门的隔声性能测定应按照国家标准《建筑隔声测量规范》GBJ 75 进行。

5.5　管道的隔声性能

管道可能产生噪声的部位大多是卫生间的下水管。近年来工程塑料材质的排水管被大量采用，由于其材轻、壁薄，故而在排水时噪声大，相对而言，采用新型薄壁铸铁管材或将排水管集中封闭设于管井中时则会有所改进。

5.6　设备的隔声性能

住宅中可能产生噪声的设备包括电梯、水泵、风机、空调机等。A40 并未对设备运行中产生的噪声量级提出数量规定，而是要求采取减振、消声和隔声措施。

电梯除了机房需采取设备隔振措施外，井道中因轿厢的运行也会产生振动噪声，特别在安装质量不好时更为严重。为此，首先要从平面布局中避免将卧室、书房等需要更为安静环境的功能空间与其相邻布置，这在前节已有叙及。如因条件所限，不能相隔离布置，则要对电梯井筒与卧室等房间之间加设隔声墙体，这可在一定程度上降低电梯运行对居室声环境的影响。而水泵、风机等大型设备一定要在设备的基座及主管线采取设置减振垫、减振支架、吊架等，对于设备机房还应采取吸声、隔振等措施，以保证居住的声环境质量。

附表一　常用各类隔墙的计权隔声量 R_w

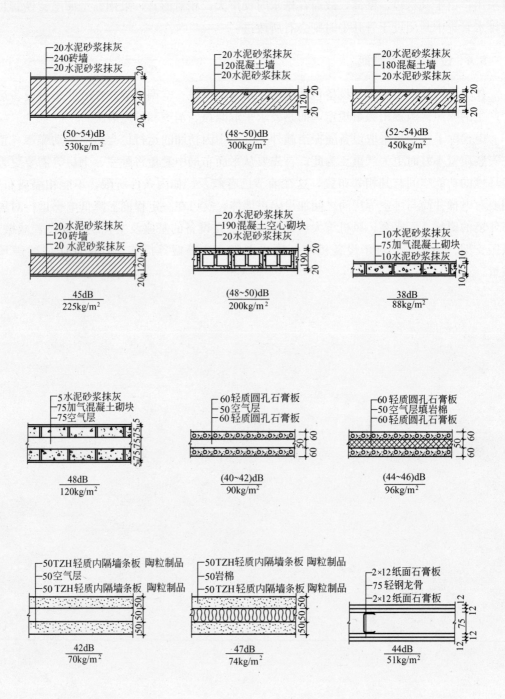

20水泥砂浆抹灰
240砖墙
20水泥砂浆抹灰

$\dfrac{(50\sim54)\text{dB}}{530\text{kg/m}^2}$

20水泥砂浆抹灰
120混凝土墙
20水泥砂浆抹灰

$\dfrac{(48\sim50)\text{dB}}{300\text{kg/m}^2}$

20水泥砂浆抹灰
180混凝土墙
20水泥砂浆抹灰

$\dfrac{(52\sim54)\text{dB}}{450\text{kg/m}^2}$

20水泥砂浆抹灰
120砖墙
20 水泥砂浆抹灰

$\dfrac{45\text{dB}}{225\text{kg/m}^2}$

20水泥砂浆抹灰
190混凝土空心砌块
20水泥砂浆抹灰

$\dfrac{(48\sim50)\text{dB}}{200\text{kg/m}^2}$

10水泥砂浆抹灰
75加气混凝土砌块
10水泥砂浆抹灰

$\dfrac{38\text{dB}}{88\text{kg/m}^2}$

5水泥砂浆抹灰
75加气混凝土砌块
75空气层

$\dfrac{48\text{dB}}{120\text{kg/m}^2}$

60轻质圆孔石膏板
50空气层
60轻质圆孔石膏板

$\dfrac{(40\sim42)\text{dB}}{90\text{kg/m}^2}$

60轻质圆孔石膏板
50空气层填岩棉
60轻质圆孔石膏板

$\dfrac{(44\sim46)\text{dB}}{96\text{kg/m}^2}$

50TZH轻质内隔墙条板 陶粒制品
50空气层
50 TZH轻质内隔墙条板 陶粒制品

$\dfrac{42\text{dB}}{70\text{kg/m}^2}$

50TZH轻质内隔墙条板 陶粒制品
50岩棉
50TZH轻质内隔墙条板 陶粒制品

$\dfrac{47\text{dB}}{74\text{kg/m}^2}$

2×12纸面石膏板
75轻钢龙骨
2×12纸面石膏板

$\dfrac{44\text{dB}}{51\text{kg/m}^2}$

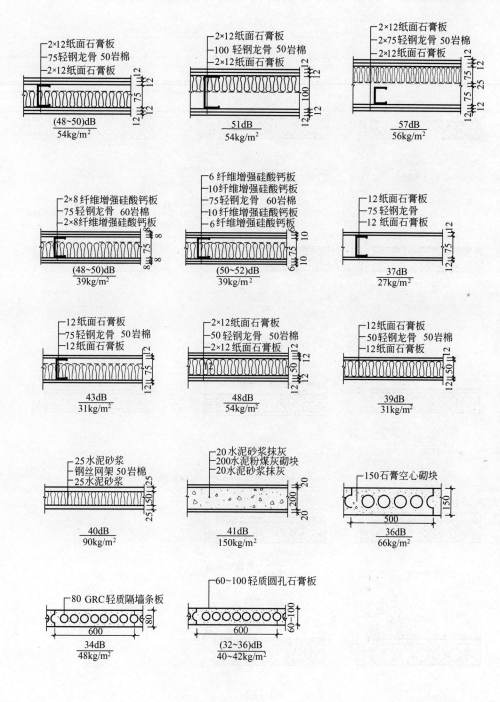

2×12纸面石膏板
75轻钢龙骨 50岩棉
2×12纸面石膏板

(48~50)dB
54kg/m²

2×12纸面石膏板
100 轻钢龙骨 50岩棉
2×12纸面石膏板

51dB
54kg/m²

2×12纸面石膏板
2×75轻钢龙骨 50岩棉
2×12纸面石膏板

57dB
56kg/m²

2×8 纤维增强硅酸钙板
75轻钢龙骨 60岩棉
2×8纤维增强硅酸钙板

(48~50)dB
39kg/m²

6 纤维增强硅酸钙板
10纤维增强硅酸钙板
75轻钢龙骨 60岩棉
10纤维增强硅酸钙板
6 纤维增强硅酸钙板

(50~52)dB
39kg/m²

12 纸面石膏板
75轻钢龙骨
12 纸面石膏板

37dB
27kg/m²

12纸面石膏板
75轻钢龙骨 50岩棉
12纸面石膏板

43dB
31kg/m²

2×12纸面石膏板
50轻钢龙骨 50岩棉
2×12 纸面石膏板

48dB
54kg/m²

12纸面石膏板
50轻钢龙骨 50岩棉
12纸面石膏板

39dB
31kg/m²

25水泥砂浆
钢丝网架 50岩棉
25水泥砂浆

40dB
90kg/m²

20水泥砂浆抹灰
200水泥粉煤灰砌块
20水泥砂浆抹灰

41dB
150kg/m²

150石膏空心砌块

500

36dB
66kg/m²

80 GRC轻质隔墙条板

600

34dB
48kg/m²

60~100轻质圆孔石膏板

600

(32~36)dB
40~42kg/m²

附表二　常用各类楼板的计权标准撞击声级 L_{npw}（dB）

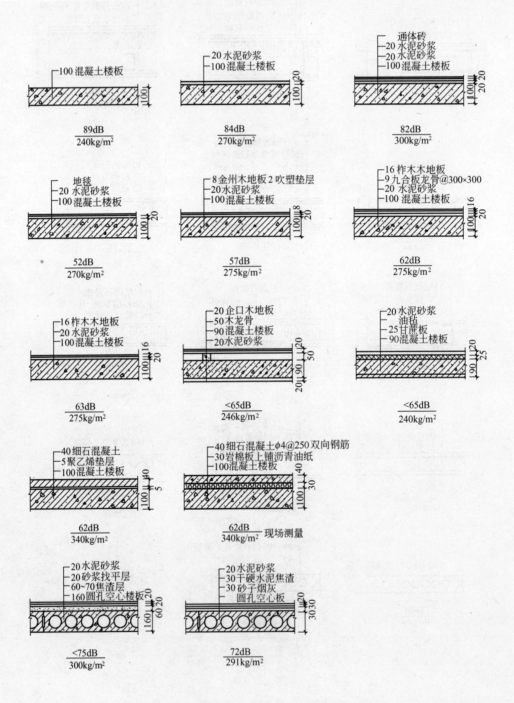

— 100 混凝土楼板	— 20 水泥砂浆 — 100 混凝土楼板	— 通体砖 — 20 水泥砂浆 — 20 水泥砂浆 — 100 混凝土楼板
$\dfrac{89dB}{240kg/m^2}$	$\dfrac{84dB}{270kg/m^2}$	$\dfrac{82dB}{300kg/m^2}$
— 地毯 — 20 水泥砂浆 — 100 混凝土楼板	— 8 金州木地板 2 吹塑垫层 — 20 水泥砂浆 — 100 混凝土楼板	— 16 柞木木地板 — 9 九合板龙骨@300×300 — 20 水泥砂浆 — 100 混凝土楼板
$\dfrac{52dB}{270kg/m^2}$	$\dfrac{57dB}{275kg/m^2}$	$\dfrac{62dB}{275kg/m^2}$
— 16 柞木木地板 — 20 水泥砂浆 — 100 混凝土楼板	— 20 企口木地板 — 50 木龙骨 — 90 混凝土楼板 — 20 水泥砂浆	— 20 水泥砂浆 — 油毡 — 25 甘蔗板 — 90 混凝土楼板
$\dfrac{63dB}{275kg/m^2}$	$\dfrac{<65dB}{246kg/m^2}$	$\dfrac{<65dB}{240kg/m^2}$
— 40 细石混凝土 — 5 聚乙烯垫层 — 100 混凝土楼板	— 40 细石混凝土 φ4@250 双向钢筋 — 30 岩棉板上铺沥青油纸 — 100 混凝土楼板	
$\dfrac{62dB}{340kg/m^2}$	$\dfrac{62dB}{340kg/m^2}$ 现场测量	
— 20 水泥砂浆 — 20 砂浆找平层 — 60~70 焦渣层 — 160 圆孔空心楼板	— 20 水泥砂浆 — 30 干硬水泥焦渣 — 30 砂子烟灰 — 圆孔空心板	
$\dfrac{<75dB}{300kg/m^2}$	$\dfrac{72dB}{291kg/m^2}$	

第六节　关于设备设施的子项解析

设备设施的配置是满足住宅使用功能的重要组成部分，居民生活水平的提高和住宅品质的提高，很大程度上依靠设备设施配置的完善和水平的提高。

对设备设施的评价主要从厨卫设备、给排水与燃气系统、采暖通风与空调系统和电气设备与设施4方面来进行考评。

6.1　厨卫设备

厨房和卫生间是对功能要求较高的使用空间，集中布置了大量设备和设施，住宅品质在一定程度上体现在厨卫配置水平的提高上。厨卫设备主要从以下几方面进行考评：

A41条要求在平面布局上，厨房应按"洗、切、烧"炊事流程顺序布置炊事设备和设施，避免因流程混乱造成生、熟食品的交叉污染，同时流程混乱也容易造成人移动距离的加长，从而引起操作人疲劳。

对于非装修到位的住宅，因炊事设备和设施没有安装到位，需预留管道接口，要求预留的接口定位应考虑到炊事流程顺序，方便将来与设备相连接，并能减少支管段的长度。

A42条提倡厨房应装修到位，纳入统一设计、统一施工的规范性操作中，既能保证厨房的质量，又避免二次装修的浪费。厨房设备成套配置是指厨房应配备有橱柜、灶台、排油烟机、洗涤池、吊柜、调理台等，并应预留冰箱、微波炉等炊事设备的放置空间。对于装修到位的厨房，此项可得分。

A43条要求卫生间平面应布置有序、方便使用，洗浴和便器之间或洗面和便器之间宜有一定的分隔，避免相互干扰。对于非装修到位的住宅，管道定位接口与设备预留位置一致，方便将来的设备安装，并能减少支管段的长度。

A44条考虑到卫生间的施工涉及诸多专业的配合，二次装修容易引发很多质量问题，如卫生间二次装修造成漏水引起邻里纠纷的投诉就很多。为了保证卫生间的质量，卫生间应装修到位，纳入统一设计、统一施工的规范操作中。卫生设备齐全指浴缸（或淋浴盘）、洗面台、便器等基本设备齐备，配套设备有梳妆镜、贮物柜等。对于装修到位的卫生间，此项可得分。

A45条要求洗衣机应有固定的摆放位置，且方便使用。可视情况设于专用洗衣机位、卫生间、厨房、阳台或家务间内。当设在卫生间时，应与其他卫生器具有一定的间隔。洗衣机的电源、水源、排水口应是专用的，且方便使用。有条件时可设专用的家务间。晾晒衣物应考虑卫生的要求，因此最好安排在阳光能直晒的区域，如南面的阳台或露台。

对厨卫设备进行评定，是针对占总住宅建筑面积的80％的各主要套型，主要套型满足要求即可按本标准附录A得分。

6.2　给排水与燃气系统

给水、排水和燃气系统的配套供应是住宅的基本要求。对给水、排水和燃气系统主要从以下几方面进行考评：

A46 条要求住宅中应设有完善的给水、排水和燃气管道系统和相应的设备设施，以保证住户的正常使用。

A47 条提出住宅给排水、燃气系统的设计容量满足国家标准和使用要求。住宅生活给水系统的水源，无论采用市政管网，还是自备水源井，其水质均应符合国家现行标准《生活饮用水卫生标准》GB 5749、《城市供水水质标准》CJ/T 206 的要求。当采用二次供水设施来保证住宅正常供水时，二次供水设施的水质卫生标准应符合现行国家标准《二次供水设施卫生规范》GB 17051 的要求。生活热水系统的水质要求与生活给水系统的水质相同。管道直饮水水质应满足行业标准《饮用净水水质标准》CJ 94 的要求。生活杂用水指用于便器冲洗、绿化浇洒、室内车库地面和室外地面冲洗的水，在住宅中一般称为中水，其水质应符合国家现行标准《城市污水再生利用　城市杂用水水质》GB/T 18920、《城市污水再生利用　景观环境用水水质》GB/T 18921 和《生活杂用水水质标准》CJ/T 48 的相关要求。给水系统的水量、水压和排水系统的设置应符合国家现行标准《建筑给水排水设计规范》GB 50015 的要求和使用的要求。

为了保证燃气稳定燃烧，减少管道和设备的腐蚀，防止漏气引起的人员中毒，住宅用燃气应符合国家标准《城镇燃气设计规范》GB 50028 的相关要求。应特别注意的是，不应将用于工业的发生炉煤气或水煤气直接引入住宅内使用。因为这类燃气的一氧化碳含量高达 30％以上，一旦漏气，容易引起居住者中毒甚至死亡。

A48 条关注住宅内的热水供应系统。为提高生活质量，住宅应设室内热水供应，由于热源状况和技术经济条件不尽相同，可采用多种热水加热方式和供应系统；条件允许时可设 24h 集中热水供应系统，并应采用至少是干管循环系统（循环到户表前），应保证配水点的最低水温，满足居住者的使用要求，配水点的水温应在打开用水龙头 15s 内达到使用水温。若设户式热水系统并由用户自行购买时，应预留热水器设置位置，并安装好相应的管道，管道包括连接热水器和相应的用水器具的热水管和连接到热水器的燃气管道等，暗装管道应预留好出墙的接头。

A49、A50、A51 条针对住宅室内排水系统设置。

地漏、存水弯的设置是排水系统安全卫生的重要保证，地漏、卫生器具排水、厨房排水、洗衣机排水等应分别设置存水弯，器具自带存水弯的除外。考虑到水封蒸发损失、自虹吸损失以及管道内气压变化等因素，卫生器具存水弯水封深度不得小于 50mm。在住宅卫生间地面如设置地漏，应采用密闭地漏。洗衣机部位应采用能防止溢流和干涸的专用地漏。

为方便排水管道日常清通，排水立管检查口的设置应方便操作，立管设在管井里时，设有排水立管检查口的楼层应预留检查门和操作的空间，或将检查口引在侧墙上。

住宅小区的会所和餐饮业的使用时间和污水性质与住宅污水有一定区别，为防止噪声、老鼠、蟑螂等对住户的影响，应尽量将两者的排水系统分开。厨房和卫生间的排水系统也应分别设置立管。

A52 条对住宅管线安装提出要求。住宅给水管、电线管、排水管等不应暴露在居住空间中，可暗装或布置在吊顶和管井里。燃气管及计量表具隐蔽敷设时，应采取一定的通风安全措施。

A53条提出住宅应设集中管井，管井内的各种管线布置合理、整齐、方便检修，管井设在卫生间、厨房等管道集中的部位。

A54条要求户内计量仪表、阀门等的设置应方便检修和日常维护，当设在吊顶或管井里时，应预留检查门（口），且位置方便操作。

A55条对给排水、燃气系统的检修提出要求。实践中，公共功能的管道、阀门、设备或部件设在套内，住户在装修时加以隐蔽，给维修和管理带来不便；在其他住户发生事故需要关闭检修阀门时，因设置阀门的住户无人而无法进入，不能正常维护，因此为单元服务的给水总立管、雨水立管、消防立管和公共功能的阀门及用于总体调节和检修的部件应设置在户外，如地下室、单元楼道、室外管廊、室外阀门井里，使得系统维护、维修时不致影响住户的生活。

在对给水、排水和燃气系统进行评定时，各种住宅套型之间的些微差异不会影响给水、排水和燃气系统的设置，因此专家只需对不同类型的住宅楼，各抽查一套住宅进行评定即可。

6.3 采暖通风与空调系统

采暖通风与空调系统的设置对保证居住的健康和舒适性至关重要，系统的完善体现了居民生活水平的提高。主要从以下几方面进行考评：

A56条提出各居住空间不得存在通风短路和死角部位，通风顺畅是指在夏季各外窗开启情况下，居室内部应有适当的自然风。

自然通风可以提高居住者的舒适感，有利于健康，同时也有利于缩短夏季空调的运行时间。住宅能否获取足够的自然通风与通风开口面积的大小密切相关。一般情况下，当通风开口面积与地面面积之比不小于 1/20 时，房间可获得较好的自然通风。

自然通风不仅与通风开口面积的大小有关，还与通风开口之间的相对位置密切相关。在住宅设计时，除了满足最小的通风开口面积与地面面积之比外，还应合理布置通风开口的位置和方向，有效组织与室外空气流通顺畅的自然通风。

A57条提出严寒、寒冷地区应设置集中采暖系统或户式采暖系统；夏热冬冷地区应设置的采暖和空调措施，可以是热泵式分体空调，或有条件时设集中采暖系统、户式采暖系统；夏热冬暖地区应有空调措施。温和地区的住宅，此条可直接得分。

A58条提出空调室外机的布置既要考虑建筑立面的美观，也要注意不能因隐藏空调室外机而影响空调室外机的正常运行。室内风机盘管、风口和相关的阀门管线应合理设置，兼顾美观、实用及维修的便利。应合理设置空调系统的冷凝水管、冷媒管，穿外墙时应对管孔进行封堵处理，冷凝水应单独设管道系统有组织收集排放。

A59条是针对住宅新风补给而提出的。随着住宅外围护结构气密性能的提高，住宅新风的补给大多需要通过开窗通风来实现，开窗引入新风既无法保证新风的质量（包括洁净度、温湿度），在采暖和空调季节又不利于节能，因此可根据舒适度要求的不同，与住宅档次相匹配，分级设置新风系统或换气装置。

A60条是解决住宅厨房的油烟排放问题。目前，厨房中排油烟机的排气方式有两种：一种是通过外墙直接排至室外，可节省空间并不会产生互相串烟，但存在有可能倒灌的问题，且对周围环境可能有不同程度的污染；另一种方式是排入竖向通风道，但在多台排油烟机同时运转的条件下，产生回流和泄漏的现象时有发生。这两种排出方式，都尚待改进。从运行安全和环境质量等方面考虑，应采用竖向通风道，但应采取措施维持竖向烟(风)道中存在一定的负压。

竖向烟(风)道最不利点的最大静压是指在所有各楼层同时开启排油烟机的情况下，最不利层接口处的最大静压。如不满足要求，应在屋顶设免维护机械排风装置或集中机械排风装置，集中机械排风装置是指设置屋顶风机等供烟道排风的动力装置。高层住宅尤其应当设置上述设备。

A61条提出严寒、寒冷和夏热冬冷地区卫生间应设置竖向风道，即使在冬季不开窗的情况下，也能利用竖向风道自然通风的作用快速排除卫生间内的污浊空气和湿气，能有效避免污浊空气和湿气进入其他室内空间。其他地区的明卫生间不作要求，此条可得分。

A62条提出暗卫生间及严寒、寒冷和夏热冬冷地区卫生间的排风设置。由于竖向通风道自然通风的作用力，主要依靠室内外空气温差形成的热压，以及排风帽处的风压作用，其排风能力受自然条件制约。为了保证室内卫生要求，严寒、寒冷和夏热冬冷地区的卫生间应和暗卫生间一样设机械排风装置。其他地区的明卫生间不做要求，此条可得分。

A63条提出为便于维修和管理，不影响住宅套内空间的使用，采暖供回水总立管、公共功能的阀门和用于总体调节和检修的部件，应设在共用部位。

对采暖、通风与空调系统进行评定，是针对占总住宅建筑面积80%的各主要套型，主要套型满足要求即可按附录A得分。

6.4 电气设备与设施

电气设备设施的设置，应着眼于既满足目前的需要，又考虑未来发展的需要，在满足功能要求和安全要求的基础上，方便使用，可按不同档次要求进行配置。

主要从以下几方面进行考评：

A64条对电源插座作出规定。电源插座的数量以"组"为单位，插座的"一组"指一个插座板，其上可能有多于一套插孔，一般为两线和三线的配套组。

考虑居民生活水平的不断提高，用电设备不断增多，因电源插座数量过少而滥拉临时线或使用插线板，易发生电器短路或引起异常高温而发生火灾。为方便使用、保证用电安全，电源插座的数量应尽量满足需要，插座的位置应方便用电设备的布置。对于空调和厨房、卫生间内的固定专用设备，还应根据需要配置多种专用插座。

A65条对分支回路作出规定，可以使套内负荷电流分流，减少线路的温升和谐波危害，从而延长线路寿命和减少电气火灾危险。

A66、A67条对电梯设置作出规定。成年人上楼梯超过4层已感到辛苦，老年人及儿童更加困难，我国现行国家标准《住宅设计规范》GB 50096规定7层及以上住宅必须设电梯，国外发达国家一般定为4层以上住宅设电梯，因此为提高住宅的舒适度，对多层住宅也提出设置电梯的要求。

A68条针对公共部位的照明，本着节能和满足相应舒适度的要求，规定人工照明的照度要求。住宅底层门厅和大堂的设计不应造成眩光现象。

A69条规定为便于维修和管理，电气、电讯干线(管)和公共功能的电气设备及用于总体调节和检修的部件，应设在共用部位。

对电气设备设施进行评定，是针对占总住宅建筑面积80%的主要套型，主要套型满足要求即可按本标准附录A得分。对于公共部位的照明，应对楼梯间、电梯厅、楼梯前室、电梯前室、地下车库、电梯机房、水箱间等部位各随机抽查一处，满足要求即可按附录A得分。

第七节 关于无障碍设施的子项解析

无障碍设施的评定包括住宅套内无障碍设施、单元公共区域无障碍设施和住区无障碍设施三部分，共9条，满分为20分。

无障碍设施是住宅适用性能评定要求之一。按照国家有关规范文件的规定，住宅建筑也应考虑无障碍设施的设置。如《住宅设计规范》第1.0.8条明确提出："住宅设计应以人为核心，除满足一般居住使用要求外，根据需要尚应满足老年人、残疾人的特殊使用要求"，而在《住宅建筑规范》中也将"住宅建设应符合无障碍设计原则"作为住宅的基本的要求。实际生活中，居住在住宅中除了对有残疾的人使用要求要给予考虑外，还有在其中行动不便者，包括老年人、婴幼儿等。当然，按照规范规定和本标准编制的主要评定对象，尚不属专门设计为残疾人居住的无障碍住房，其范围也主要涉及住宅的建筑入口、候梯厅、电梯轿厢、公共走廊和住区的道路与公共服务设施等。

7.1 住宅套内无障碍设施

A70～A72条是关于住宅套内无障碍设施的评定。套内无障碍设施评定内容包括住宅室内地面和室内过道和户门的宽度。

评定时，对不同类型住宅各抽查一套住宅进行现场检查，根据设置情况进行评分。

A70 户内同层楼(地)面高差≤20mm。

本条的规定是考虑到轮椅或老年人等通行时不致因户内同层楼(地)面高差过大而出现行走障碍、不便。这一高差值也与用水多的房间(如厨、厕)及与室外阳台之间地面高差要求一致。

近年来有一些住宅户内出现同层地面以设置台阶相错层的做法，尽管这样处置被认为可造成空间的高低变化和使居住者心理愉悦，但其负面影响是显而易见的，所以本条的设置也意在提倡平实的设计，真正做到以人为本。

A71条关于住宅内入口过道和其他通道净宽宽度的规定，这两个数据：入户过道净宽≥1.2m，其他的通道净宽≥1.0m的规定与《住宅设计规范》(见规范3.8.1条)和《老年人建筑设计规范》JGJ 122—99 是一致的，其既考虑了人的通行、家具的搬运，同时也兼顾老年人和轮椅的通行宽度与便利（参见《城市道路和建筑物无障设计规范》JGJ 50—2001 第 7.3.1 条）。

A72 条规定的是户内门扇开启净宽度≥0.8m，这与《住宅设计规范》中第 3.9.5 条提出的住宅的各部位门洞的最小尺寸基本吻合，并参考了《老年人建筑设计规范》JGJ 122—99，而且和无障碍通行的要求相一致（见 JGJ 50—2000 规范第 7.4.1 条）。但在这里要提出注意的是，不应使用力度大的弹簧门，而采用平开门、折叠门或推拉门。

7.2 单元公共区域无障碍设施

A73、A74 条是关于单元公共区域无障碍设施的评定。单元公共区域无障碍设施的评定内容包括单元内电梯设置和公共出入口部位无障碍设施的设置。评定方法与套内无障碍设施评定方法相同。

A73 条是关于高层住宅中电梯设置的要求，在这里基于对无障碍通行，方便残疾人和病弱人士的通行考虑，提出 7 层及以上住宅，每个单元至少设一部可容纳担架的电梯，且为无障碍电梯，对此在前面 A08 条的讨论中已加以说明，此条也与《老年人建筑设计规范》JGJ 122—99 的要求相一致。当然设置此类电梯并考虑为无障碍电梯会对住宅设计、建筑平面等有一系列的要求，诸如候梯厅的深度，至少不低于 1.8m，还需考虑担架的尺寸；按钮的高度为 0.9～1.10m 以及电梯门扇宽和音响显示要求等，但从总体发展趋势来看，设置可容纳担架的无障碍电梯是可取的，更体现出对人的深切关怀。当然此条不属"一票否决"性条文，只是对所设电梯的类型提出可实现无障碍通行的要求，如做到可得分，以示提倡与鼓励。

A74 条所提在单元公共出入口有高差时设轮椅坡道和扶手，这在《住宅设计规范》和有关无障碍设计规范中都有强制性条文规定，在《住宅建筑规范》中也有明确规定。当单元出入口室内外有高差时，应如此设置，可由室外直达首层的户门。对于不设电梯的住宅，其首层则也可设计成为老人和残疾人专用的住宅套型。

有关坡道高度和水平长度关系见表 4-6，坡道宽度应≥1.20m 并设扶手。

坡道高度与水平长度的关系   表 4-6

坡　　　度	1：20	1：16	1：12	1：10	1：8
最大高度(m)	1.50	1.00	0.75	0.60	0.35
水平长度(m)	30.00	16.00	9.00	6.00	2.80

注：摘自《城市道路和建筑物无障碍设计规范》表 7.2.5。

7.3 住区内无障碍设施

A75～A78 条系对住区内无障碍设施的评定。住区无障碍设施的评定包括住区道路、公共厕所和公共服务设施部分的无障碍设施。对于这部分的评定采用现场检查的方式进行，根据住区的公共区域现场无障碍设施的设置情况予以评定。

A75　住区内各级道路按无障碍要求设置，并保证通行的连贯性。

A76　公共绿地的入口、道路及休息凉亭等设施的地面平整防滑，地面有高差时，设轮椅坡道和扶手。

上述两条涉及住区道路无障碍通行要求，内容清楚、明确。在《城市道路和建筑物无障碍设计规范》JGJ 50—2001 中要求，对住区内的所有人行道口及人行道与车行道相交汇处都应考虑无障碍通行，包括人行道纵坡不宜大于 2.5％；在通道设有台阶处应设轮椅坡道；各级道路及公共休息设施等交汇处路面应平整防滑不积水，如有高差，应设轮椅坡道和扶手(见该规范 6.1.2、6.2.2 条等)，从而实现通行的连贯性。

A77 条的规定"公共服务设施的出入口通道按无障碍要求设计"与上述无障碍通行规范的规定相一致。需要注意的是，如入口为无障碍通行时，坡度不应大于 1∶50，如有台阶也需设轮椅坡道。此外，入口平台宽度应≥1.50m，相关内容详见《城市道路和建筑物无障碍设计规范》6.3.1、6.3.2 及第 7 章有关条文规定。

A78　公用厕所至少设一套满足无障碍设计要求的厕位和洗手盆。

本条所指公用厕所系设在住区公共设施中为住区休闲活动居民或工作人员使用的设施。为此，在厕所中应考虑至少有一套厕位和洗手盆能达到无障碍设计要求。在《城市道路和建设物无障碍设计规范》JGJ 50—2001 第 6.2.4 条及第 7 章第 8 节中对公共厕所无障碍设施与设计的要求都有明确、详细的规定。

第五章　住宅环境性能的评定

第一节　住宅环境及其性能的界定

1.1　居住环境的界定

居住环境是指人类居住生活活动中所涉及的各个方面，包括生产、生活、居住、交通、经济、金融、市场物价等人们社会交往和活动的各个领域。一个乡镇，一个城市，只要是人们活动的地方，都可以视为居住环境的范围。当前人们很关注和热议的一个城市的宜居性或者评价宜居城市，谈论的也就是这些内容。

在《住宅性能评定技术标准》GB/T 50362—2005 中所确定的住宅环境讨论和评价的内容，是把人们居住生活活动的区域界定在住宅所在的居住区、住宅小区、住宅街坊、住宅组团以及它们所在的社区范围。这个范围是与住宅的适用性能一致的。这样一个居住生活活动环境是居住者日常居家活动密不可分的区域。

多年以来，在我国住宅设计和建造中，多以居住区、住宅小区和相应的住宅组团、住宅街坊等进行规模性建设。规模大的有几十公顷或上百公顷用地的居住区建设，小的也有一、二公顷或几公顷用地的住宅街坊，或规模较大的独立住宅组团。一定规模的住宅群体，就形成了相应规模的住宅室外环境。没有相应完善的住宅外部环境，是不能算作一个性能比较完善的住宅的。

特别值得提到的是，近年来，在商品住宅建设中，一说到住宅环境，就是绿化、景观，不惜投巨资，请国内、国际上知名的园林景观设计公司进行设计建造，增加了住区内大量的构筑物，同时也增加了不小的维护管理费用，而真正提供居民使用和为居民服务的内容却不多。

住宅环境不只是绿化景观环境，住宅环境要把方便居民生活，安全安静，提供居民使用、参与和为居民有效服务等内容汇集到住宅环境设计和建设中。因此，在《住宅性能评定技术标准》GB/T 50362—2005 中，综合了我国现行有关住宅建造的标准、规范中有关环境的内容，以及我国近十几年来住宅建设中所涉及的住宅环境项目内容，作为评价和检验住宅环境性能的项目，并提出了相关的指标。

1.2　住宅环境性能与适用性能的关系

从宽泛的意义上讲，住宅环境应该包括二部分，一部分是住宅的室内环境，也就是住宅的公共活动空间，以及住宅的套内居住活动空间，住宅公共活动空间和套内居住活动空间组成了住宅的室内环境。在《住宅性能评定技术标准》GB/T 50362—2005 中，把它定义为住宅的适用性能。另一部分则是住宅的室外环境，也就是居民生活活动的室外空间，邻里交往、散步休闲、日常购物、出入交通、文化教育、社区服务以及相应的居民公共活动必须的设备、设施等，在技术标准中，把这些归并为住宅环境性能。

住宅的适用性能与住宅的环境性能是检验住宅可居住性的两个相互关联又相互依存的方面，只有既重视住宅的适用性能也就是住宅单体、住宅套型的设计和建造，又重视住宅的环境性能，使之符合配套齐全、安静舒适、安全便利的要求，才能真正称之为性能良好的住宅。

第二节　住宅环境性能评定的主要内容

2.1　休闲、邻里交往、活动与健身等功能环境

指居住者所在住宅室外(外部)环境中，休闲、邻里交往、活动与健身等不同功能需要的空间环境。应在住区中规划设置一定的交往空间和场所，可以让居民逗留休息的座椅，供居民交流、交谈，设置一定的场地供居民健身活动，设置供儿童游戏的儿童活动场地等。

2.2　公共服务设施环境

供居民日常生活必需的设备、设施等公共服务设施环境。例如幼儿园、学校等教育设施；社区防疫、医疗、保健等卫生设施；市政公用及金融邮电设施；家庭日常用品的便民购物设施；为居民提供服务的社区服务设施等。

2.3　公共卫生保障设施环境

居民应能获得清静、整洁的公共卫生保障设施环境。例如，必要的符合要求的日照、通风环境和避免视线干扰，避免和减少环境噪声对住宅的干扰，公共厕所、废物箱、垃圾收集和清运设施等。

2.4　健康安全环境

为居民提供生活自在、安宁的安全环境。例如远离污染源，避免交通对住区的穿行干扰，清新的住区微气候环境，有效的防护、救护系统，安全的住区水体水质，以及居民的安全防范保障设施等。

2.5　视觉环境

为居民营造共享的舒适、宜人的视觉环境。简洁实用与环境协调的居住建筑，并有与建筑配合的相得益彰的绿地系统，满足居民的视觉享受。

2.6 交通环境

便捷安全的交通环境。例如，设置便利居民出行的公共交通线路和站点等。

以上六个方面，均在《住宅性能评定技术标准》GB/T 50362—2005 中比较全面、系统地提出了要求。由此可见，对于住宅环境性能评价要包含与居民居住生活息息相关的功能完善的环境要素和配置，而不只是对住区绿化和居住景观的考量。

第三节　保证住宅环境性能的技术措施

要采取切实的规划、设计、设备设施配置等技术措施，保证住宅环境建设的品质和质量。

3.1 规划设计是保证住宅环境的基础

一个比较良好的住宅环境是从规划、设计、设备抓起的，这为建设高品质的住宅环境奠定了基础。规划设计是以人的居住行为和居住活动为出发点，创建并符合居民居住生活需要的各项功能环境。规划设计是建立良好住宅环境性能的不可忽视的重要手段。

满足与符合《住宅建筑规范》是住宅环境性能的基本要求。例如：在《住宅建筑规范》中，对住宅环境性能最基本的要求就是日照。我国住宅建设中，对住宅日照历来是比较严格的。我国绝大部分地区的住宅建设十分重视朝向，实际上就是居民在冬季对获得日照的要求，从总体上来看，日照对衡量住宅的均好性是至关重要的。因此，住宅环境性能评价，有条件的情况下宜作住宅日照模拟分析图，以保证每套住宅均能获得符合相应要求的日照标准。

3.2 绿地配置是各种环境功能要素的纽带

绿地配置是建立住宅与住宅环境中各种环境功能要素的纽带。绿地配置是住区规划与建设不可分割的一部分，只建设住宅而不配置与之相应的绿地或者不配置符合要求的绿地，无法保证居民能获得舒适的居住生活和良好的微气候环境。在住宅建设中良好、实用的绿地配置给住宅和相应的住区建筑增添了光彩。

3.3 智能化系统是创造现代居家生活及服务的手段

住区智能化系统的建立和应用是提升居住品质，优化住区管理的保证，是为居民创造现代居家生活及服务的手段。

智能化系统在住宅中安装和管理应用还是近十多年的事，但明显显现出它的重要作用和价值，提升了住宅的居住品质。安全防范、管理与监控、信息网络等功能给居民和物业管理公司带来了越来越多的便利。智能化系统运用到住宅中已成为必然的趋势，并且会越来越普及。

第四节 住宅环境性能评定子项解析

前面所述是编制《住宅性能评定技术标准》GB/T 50362—2005 中关于住宅环境性能指标的设置与评定的出发点和原则依据。要建立环境性能评定指标体系，就要对影响住宅环境质量的各种要素进行分解，确定影响环境质量的定性、定量指标，例如，在住宅环境性能中规定住宅容积率、住宅建筑密度、水压水质、空气质量控制和噪声控制指标等，均应按照规定的方法对其分别进行计算、测定或评定，提供实际和有效的数据。

住宅性能评定指标共设立了用地与规划、建筑造型、绿地与活动场地、室外环境噪声与空气污染、水体与排水系统，公共服务设施，智能化系统等 7 个项目，68 个子项，涉及居民交往活动空间环境，公共服务设施环境、卫生保障设施环境、安全环境、视觉环境和交通环境。现就子项的设定与各环境功能的关系以及设定每一个子项的出发点和要求，作出相应解释和分析，以利于有目的地达到技术标准中所规定的要求。

4.1 关于用地选择与规划设计的评定子项

B01 因地制宜、合理利用原有地形地貌。

该子项是住区规划中最基本的要求。充分合理地利用地形地貌，不仅可减少土方的搬运，而且在住宅环境设计上，还可带来住宅建筑群体丰富的空间变化。

B04 按照住区规模，合理确定规划分级，功能结构清晰，住宅建筑密度控制适当，保持合理的住区用地平衡。

在《城市居住区规划设计规范》GB 50180—93(2002 年版)，对居住区、小区、组团按户数和人口对规模作了规定。在实际住区规划中，随着社会经济的发展，家庭生活水平的提升，人均居住建筑面积有了较大提高，以户数和人口作为住区规模的衡量依据，已经不太适应当前的住宅建设状况。在规划中通常以住区用地规模衡量和分析住区规划功能结构，因此，从实际出发，可按照小区、组团分级，在城市建成区旧城改造中，可以是住宅街坊形式，也可以是独立的组团，重要的是确定适当的建筑密度，以保持合理的住区用地平衡。

B09 出入口选择合理，方便与外界联系。

任何一个住区都必须设置与外部联系的出入口，其设置的位置应有利于疏导交通，便于居民出行。

4.2 关于休闲、邻里交往、活动与健身等功能环境的评定子项

B06 空间层次与序列清晰，尺度恰当。

B07 院落空间有较强的领域感和可防卫性，有利于邻里交往与安全。

B31 绿地中配置占绿地面积 10%～15% 的硬质铺装。

以上三条都是针对居民休闲活动，相对可以驻足停留，邻里交往攀谈，置身其中，适宜的空间尺度，给人以亲近和谐的感受。一般情况下，宅间空间结合绿地布置的带有座

椅、并有树冠遮荫的小型铺装场地，或者局部的架空底层，适宜邻里间慢声细语的交谈，而组团式集中共用绿地，提供给居民嬉戏健身活动更好一些。因此，不同空间绿地布置适宜于不同人群的活动方式和内容。

B47　儿童活动场地兼顾趣味、益智、健身、安全合理等原则统筹布置。

B48　设置老人活动与服务支援设施。

B49　结合绿地与环境设置露天健身活动场地。

上述三条讲的是任何住区规划都应该重视设置设施完善的儿童、老人户外活动场地。特别是我国已经开始步入老龄社会，住区建设应该满足老人活动的需要，以及提供各种支援器具，以应不时之需，创造一个和谐共享的居住环境。

B50　设置游泳馆或游泳池。

B51　设置儿童戏水池。

B52　设置体育场馆或健身房。

随着社会经济的发展，家庭生活水平的提高，多样化的体育健身设施已经成为社区居民经常光顾的场所。因此，有一定规模和条件的住区，可设置如游泳池、体育场馆等健身场所和设施。

4.3　关于公共服务设施环境的评定子项

B11　机动车停车率。

B12　自行车停车位隐蔽、使用方便。

近年来，居民拥有小汽车的数量，在全国各大中城市呈现明显的增长趋势。1992年，住宅小区设计停车率为总户数的15％，基本上是地面停车位，结果在交付使用的头几年有大量车位空置。10年后，由于住户私人小汽车拥有量成倍增长，使得住区车位不仅不够用，而且逐步侵占了绿地，成为影响住宅环境的一大问题。为解决好住区静态交通，保证住区足够的绿地面积，减少住区动、静态交通对居民生活的干扰，《住宅性能评定技术标准》GB/T 50362—2005中对停车率作了较大幅度提高，规定最低不低于40％，一般条件下应达到60％，而3A级的住宅，必须达到100％（也就是平均每户一个小汽车停车位）且不得低于当地规定。为了合理利用土地资源，保证充足的绿地面积，减少汽车行驶和停放对居民生活的干扰，应积极开发利用地下空间作停车库。

在居民中仍然保持着利用自行车作为常规代步工具的习惯，但其停放方式并未得到足够的重视。故《住宅性能评定技术标准》GB/T 50362—2005中提出自行车停车位隐蔽且使用方便的要求。

B13　标示标牌的设置。

住区的标示标牌，包括住区的总平面（示意）图、路径的标识、住栋的名称、门牌号码，都应该给人以清晰的明示，方便居民和来访者，体现人性化。这是住区建设的一个极为重要的细部，应该认真加以设计。

B14　住区周边设有公共汽车、电车、地铁或轻轨等公共交通场站，且居民最远行走距离＜500m。

住区居民出行，仍然以公共交通为主，因此方便的通达是十分重要的。一般情况下，步行 500m 以内大约需要 5～10 分钟，在生理和心理感受上并不觉得远。这是公共设施的布点上可以满足的。

B15　市政基础设施配套齐全、接口到位。

这是住宅建设的基础，也是 A 级住宅的必备条件，否则建成的住宅不便于居住和使用。

B43　设有完善的雨污分流排水系统。

除极少数城市雨污合流外，我国住区建设是以雨、污分流作为排水系统的，这一点与城市的市政管网接口一致。住区建设也应该是雨、污分流系统。而且，分流系统是进行雨水收集和利用、中水回用的前提。

B44　教育设施的配置符合《城市居住区规划设计规范》GB 50180 或当地规划部门对教育设施设置的规定。

B45　设置防疫、保健、医疗、护理等医疗设施。

B46　设置多功能文体活动室。

B53　设置商店、超市等购物设施。

B54　设置金融邮电设施。

B55　设置市政公用设施。

B56　设置社区服务设施。

上述七条在《城市居住区规划设计规范》GB 50180 中的公共服务设施中，以千人指标的形式予以规定。在实际住区的建设中，由于住区的规模和住区在城市所处的位置不同，配置就会有很大的差异。一般情况下，由住区所在的城市规划部门统一掌握和平衡。其中多功能文体活动室和社区服务设施的设置，大多数住区以建设会所的形式予以满足。住区的商店、超市、金融、邮电等用房已经市场化了，住区中的商业用房可以满足这些要求，但必须予以文字标明。学校、幼儿园等教育设施以及市政公用设施如燃气调压站、热力站等，在城市中有一个优化配置问题，在住区内配置后均应有规划部门和市政公用部门确切的认可，并满足服务半径的需要。

4.4　关于公共卫生保障设施环境的评定子项

B05　住栋布置满足日照与通风的要求，避免视线干扰。

日照是对居民居家生活的卫生保障之一。我国东西、南北国土幅员跨度很大，但对冬季住宅的日照需要是一致的，《住宅建筑规范》中也作了规定。在《住宅性能评定技术标准》GB/T 50362—2005 的环境性能中，每个住栋均应保证有基本的日照需要，并应做出日照分析图。

在住区的住宅布置中，由于住栋拼接长度过长，或者为建筑空间的需要而采取的住宅围合布置形式等，都会对住栋的通风带来不利，形成住区局部风速过大，或者通风不畅，特别是以高层住宅为主的住区，可以运用风环境模拟的科技手段和方法，调整住栋的布置，优化住区通风的条件。

避免视线干扰是保持住宅私密性的重要方面，应在规划布局中予以解决。

B33　室外活动场地设置有照明设施。

本条既是安全的要求也是视觉保障的要求，正如住栋之间的宅间路需要有相应的路灯照明一样。

B41　天然水体与人造景观水体（水池）水质符合国家《景观娱乐用水水质标准》GB 12941 中 C 类水质要求。

B42　游泳馆（或游泳池、儿童戏水池）设有水循环和消毒设施。

水体是传播疾病的一条途径。天然水体、人造景观水体、游泳池水等，都会与人体直接接触。有的住区设置水体以满足景观的需要，而忽视对其水质的要求，久而久之甚至成为被污染的水体。游泳池水是人体接触更直接的，有的住区水循环和消毒系统不完善不健全，致使传染疾病时有发生。在《住宅性能评定技术标准》GB/T 50362—2005 中，对于设置景观水体、游泳池的住区，必须按国家规定的要求，进行处理并达到标准。

B57　设置公共厕所。

B58　主要道路及公共活动场地均匀配置废物箱。

B59　垃圾收运符合相应要求。

B60　垃圾存放与处理符合规定要求。

上述四条都是针对住区公共卫生环境的硬件要求。有了这些基本的硬件配置，为住区的管理提供了条件，为居民创造一个卫生环境清新的住区。住区垃圾主要是居民的生活有机垃圾，对于生活有机垃圾的收集、搬运设施应该是密闭方式，避免和杜绝在收运过程中可能产生的污染。对于住区中垃圾的存放和处理应本着无害化、减量化和资源化的要求对环境设施予以配置。

4.5　关于健康安全环境的评定子项

B03　☆远离污染源，避免和有效控制水体、空气、噪声、电磁辐射等污染。

B08　道路系统架构清晰、顺畅，避免住区外部交通穿行，满足消防、救护要求；在地震设防地区，还应考虑减灾、救灾要求。

B10　住区内道路路面及便道选材和构造合理。

B34　等效噪声级符合相应要求。

B35　黑夜偶然噪声级符合相应要求。

B36　无排放性污染源或虽有局部污染源但经过除尘脱硫处理。

B37　采用清洁燃料，无开放性局部污染源。

B38　无辐射性局部污染源。

B39　无溢出性局部污染源，住区内的公共饮食餐厅等加工过程设有污染防治措施。

B40　空气污染物控制指标日平均浓度不超过标准值。

在这里所提出的十条是对住区生活可能会长期持续造成危害的情况，应予以避免、排除和控制。其中，有污染源，不适宜于作为居住用地的，应在选址时予以排除。在这样的用地上或者用地的周边地段，存在此类污染情况，不符合 A 级住宅性能所规定的要求。虽然有污染的影响，但可以采取技术措施控制，从而消除污染的，应在规划设计建设过程中加以解决。

譬如最常见的是，燃料应采取燃气等洁净燃料。公共餐饮设施的设置，应避免与住宅联在一起，其排烟系统和排水系统必须与住宅的系统分离，成为设有消除污染防治措施的独立的排放系统。噪声对人的重量和心理危害已经引起人们极大的关注和重视，长期处于环境噪声的干扰和影响下生活，不仅大大降低居住生活的质量和舒适度，而且对心理、精神和听力都不利。住区的用地选择，应避免紧邻交通频繁的干道、铁路、机场以及工业企业等，避免不了的，应采取技术措施，如设置绿地隔离带、隔声墙、建筑物本身采用隔声性能好的外门窗等，以符合性能规定的要求。

B10条是关于道路的选材和构造，一方面是要求选用的材料，在阳光照射条件下不要产生长时间的挥发性有害物质，避免对人体的影响；另一方面要求避免构造不合理而对居民造成不必要的创伤等后果。

由此可见，在住区环境建设中，应从住区微观环境控制入手，消除不利于居民生理和心理健康的因素，创造一个具有健康安全环境和舒适度有保障的住区。

4.6 关于视觉环境的评定子项

B02 重视场地内原有自然环境及历史文化遗迹的保护和利用。

B16 建筑形式美观、体现地方气候特点和建筑文化传统，具有鲜明居住特征。

B17 建筑造型简洁实用。

B18 外立面效果良好。

B19 建筑色彩与环境协调。

B32 硬质铺装休闲场地有树木等遮荫措施和地面水渗透措施。

建筑美给人以一种视觉上的享受，它对人们的生活带来美感。对于已经存在的自然和历史遗迹，哪怕是很少的，都对人们的精神生活产生影响。因此，要求最大限度的保留住区内原有的遗迹，此类工作属于利国利民的公益事业，应该予以鼓励和推崇。

居住建筑的建筑美，虽然带有很强的主观性，不同专家的观点也会有一定的差异，但其共同点和基础应该是一致的。首先应满足居住功能的内在要求，譬如满足住宅内部不同功能空间的需要，满足日照、采光、通风、保温、隔热等的要求。近几年来，在住宅建筑中出现了一些在公共建筑中才能见到的大面积的窗户和幕墙，屋顶上非常突出的构架等等，不仅增加投资，而且对住宅的采光、通风、保温、隔热都带来不利。作为居住建筑文化和特征，应该有一些共同的衡量标准，做到简洁而实用。

其次，还应该注意绿化种植对居住建筑的衬托作用和增强美化的效果。

4.7 关于环境绿地配置的评定子项

（1）属于环境绿地配置的评定子项

B20 有较好的室外灯光效果，避免对居住生活造成眩光等干扰；在城市景观道路、景观区范围内的住宅有较好的灯光造型。

B21　绿地配置合理，位置和面积适当，集中绿地与分散绿地相结合。

B22　绿地率满足相应要求。

B23　人均公共绿地面积满足相应要求。

B24　充分利用散地、停车位、墙面（包括挡土墙）、平台、屋顶和阳台等部位进行绿化，要求有上述 6 种场地中的 4 种或 4 种以上。

B25　植物配置多层次。

B26　乔木量≥3 株/100m² 绿地面积。

B27　观赏花卉种类丰富，植被覆盖裸土。

B28　选择适合当地生长与易于存活的树种，不种植对人体有害、对空气有污染和有毒的植物。

B29　木本植物丰实度符合相应地区要求。

B30　植物长势良好，没有病虫害和人为破坏，成活率 98% 以上。

在住宅的环境性能 68 条定性定量评定子项中，有 11 条是直接针对住区绿地、配置和种植而言的，占总指标量近 1/6，说明其在环境性能中所占份量和作用。其中硬性定量指标为：

1）绿地率达到 30%，作为 A 级住宅环境性能的基准点。其计算方法按《城市居住区规划设计规范》GB 50180—93（2002 年版）执行。这里需要指出的是，应该鼓励和提倡地面停车位采取植草砖的形式进行绿化，以扩大绿地面积，也有利于雨水的自然渗透，符合生态原则。这部分植草砖车位面积可按 1/3 计入绿地总面积中。

2）平均每 100m² 的绿地面积，应保持 3 株以上的乔木种植量。确定这一定量指标的目的，就在于绿地配置不能着眼于铺植草皮，应该注重乔、灌、草的结合。实践证明，乔木的种植对改善住区的微气候环境作用显著，如调节温度、湿度，减少尘埃以及遮荫。好的乔木种植规划设计还丰富了住区内建筑群体的层次。

3）我国南北东西气候条件差异大，不同地区住区的绿地配置中，木本植物的种植生长情况和适宜树种不一样，不能简单划一。因此定量指标中作了分区域规定。这里值得指出的是，应该以适合当地生长的树种为主。有一种现象不仅不值得效仿，而且应该杜绝，那就是为了住区的绿化，不惜从深山老林中移栽老龄名木。从另一角度来看，为了住区的绿化而破坏深山老林中的生态平衡，是不可取的。

4）保持合理的公共绿地面积，由居民共同享用。

（2）绿地系统的设计与植物配置原则

综上所述，在《住宅性能评定技术标准》GB/T 50362—2005 中，绿地配置指标的设置以定性和定量相结合，使绿地配置成为贯穿开发建设居民居住生活环境的纽带。概括起来有以下几点：

1）住区绿地系统规划应该是住宅环境综合配置的一个组成部分，是住区总平面规划中对绿地系统的深入和细化，是对住宅环境性能定性和定量指标的落实。

2）住区环境中，绿地服务的主体是住宅。

3）合理的绿化配置是改善住区微气候环境的重要手段。实践证明，通过有效的绿地布置和乔木种植，对于改善住区的微气候效果明显。如遮荫、改善通风条件，减少尘埃清洁空气等。

4）住区的绿地规划、设计是以居民居住活动为对象的，也就是说适宜于居民使用和参与，譬如结合绿地，适当地布置活动场地，布置绿地中的人行步道，布置可以驻足停留的坐椅，布置儿童场地等，都是应该属于绿地规划中不可缺少的项目和内容。

5）绿地以绿为主，适当地布置水体有利于调节住区景观和环境湿度。首先要充分利用自然形成的河道水系，并将之处理成住区绿地系统可用的部分，并且要保持水体的水质，避免污染。必须做人造水体时，在绿地中的比例要控制适度，其补充水源应采用再生水（中水）。

6）住区绿地与绿化不能代替"生态"，住区的生态建设应该包含绿地和绿化环境。住区绿色生态内容，还应包含资源合理利用，如太阳能等可再生能源的广泛利用，雨水的利用，中水回用等都包含在住区绿色生态建设中。

7）满足居民居住的视觉享受。绿地和绿化规划，在满足上述功能要求的同时，要考虑环境景观的要求，只能这样才能达到绿地配置比较完整的功能作用和景观效果。

第五节 智 能 化 系 统

5.1 本评定项目得分尺度的掌握

智能化系统满分为 30 分，其中管理中心与工程质量分项为 8 分、系统配置分项为 18 分、运行管理分项为 4 分。应按本标准附录 B.0.1 表中要求逐条评定。

（1）管理中心与工程质量分项

B61 条对管理中心的位置、面积、布局、机房建设四个方面提出了要求。对明显有缺陷，不能满足目前需求或机房存在安全隐患的不能给分。

B62 条要求管线工程质量合格。凡通过第三方具有资质的检测机构检验合格，并有检验报告与合格证书，该项得分。

B63 条要求设备与终端产品安装质量合格，位置恰当、便于使用与维护。凡通过第三方具有资质的检测机构检验合格，并有检验报告与合格证书，该项得分。

B64 条要求电源与防雷接地工程质量合格。凡通过第三方具有资质的检测机构检验合格，并有检验报告与合格证书，该项得分。

（2）系统配置分项

B65 条按安全防范子系统的配置水平评分。Ⅲ 档要求子系统设置齐全，包括闭路电视监控、周界防越报警、电子巡更、可视对讲与住宅报警装置。若子系统设计不合理，造成功能弱、可靠性差，使用与维护不方便，则不能得分。Ⅱ 档比 Ⅲ 档要求子系统设置少，但若子系统设计不合理，造成功能弱、可靠性差，使用与维护不方便，也不能得分。Ⅰ 档只设置可视或语音对讲装置、紧急呼救按钮，要求可靠性高，使用与维护方便，否则也不能得分。

B66 条按管理与监控子系统的配置水平评分。Ⅲ 档要求子系统设置齐全，包括户外计量装置或 IC 卡表具、车辆出入管理、紧急广播与背景音乐、给排水、变配电设备与电梯集中监视、物业管理计算机系统。若子系统设计不合理，造成功能弱、可靠性差，使用与维护不方便，则不能得分。Ⅱ 档比Ⅲ 档要求子系统设置少，但若子系统设计不合理，造成功能弱、可靠性差，使用与维护不方便，也不能得分。Ⅰ 档只设置物业管理计算机系统、户外计量装置或 IC 卡表具，要求可靠性高，使用与维护方便，否则也不能得分。

B67 条按信息网络子系统的配置水平评分。必须建立居住小区电话、电视、宽带接入网，缺一项均不能得分。Ⅲ 档还要求建立居住小区网站，采用家庭智能控制器与通信网络配线箱。客厅、卧室与书房均安装电话、电视与宽带网插座和卫生间安装电话插座，位置合理。每套住宅不少于二路电话。若子系统设计不合理，造成功能弱、可靠性差，使用与维护不方便，则不能得分。Ⅱ 档比Ⅲ 档要求略低，可不设居住小区网站，不设家庭智能控制器，但要求采用通信网络配线箱。客厅、卧室与书房均安装电话、电视与宽带网插座，位置恰当。每套住宅不少于二路电话。但若子系统设计不合理，造成功能弱、可靠性差，使用与维护不方便，也不能得分。Ⅰ 档要求每套住宅内安装电话、电视与宽带网插座，位置恰当，要求可靠性高，使用与维护方便，否则也不能得分。

（3）运行管理

B68 条要求有运行管理的实施方案，合理配置运行管理所需的办公与维护用房、维护设备及器材等，对运营管理中的物业水平不在本标准中考虑。

5.2 管理中心与工程质量

居住区应设立管理中心，当居住区规模较大时，可设立多个分中心。管理中心的控制机房宜设置于居住区的中心位置并远离锅炉房、变电站（室）等。管理中心的控制机房的建筑和结构应符合国家对同等规模通信机房、计算机房及消防控制室的相关技术要求。机房地面应采用防静电材料，吊顶后机房净高应能满足设备安装的要求。控制机房的室内温度宜控制在 18～27℃，湿度宜控制在 30％～65％。控制机房应便于各种管线的引入，宜设有可直接外开的安全出口。

应将智能化系统管线纳入居住区综合管网的设计中，并满足居住区总平面规划和房屋结构对预埋管路的要求。采用优化技术，如选用总线技术、电力线传输技术与无线技术等，减少户内外管线数量。

系统装置安装应符合相应的标准规范的规定，如现行国家标准《电气装置安装工程电缆线路施工及验收规范》GB 50168、《建筑电气工程施工质量验收规范》GB 50303 与《民用闭路监视电视系统工程技术规范》GB 50198 等。

应根据不同的地区和系统，提出符合规定的接地与防雷方案，并应满足现行国家标准《建筑物防雷设计规范》（GB 50057—94（2000 年版）中的相关要求。居住区智能化系统宜采用集中供电方式，对于家庭报警及自动抄表系统必须保证市电停电后的 24 小时内正常工作。

5.3 系统配置

按居住区内安装安全防范子系统配置的不同，分为Ⅲ、Ⅱ、Ⅰ三档。通过在居住区周界、重点部位与住户室内安装安全防范装置，并由居住区物业管理中心统一管理。目前可供选用的安全防范装置主要有：闭路电视监控系统、周界防越报警系统、电子巡更装置、可视对讲装置与住宅报警装置等。应依据小区的市场定位、当地的社会治安情况以及是否封闭式管理等因素，综合考虑技防人防，确定系统，提高居住区安全防范水平。技术要求遵照《居住区智能化系统配置与技术要求》CJ/T 174—2003。

管理与监控子系统按居住区内安装管理与监控装置配置的不同，分为Ⅲ、Ⅱ、Ⅰ三档。管理与监控系统主要有：户外计量装置或 IC 卡表具、车辆出入管理、紧急广播装置与背景音乐、给排水、变配电设备与电梯集中监视、物业管理计算机系统等。应依据小区的市场定位来选用，充分考虑运行维护模式及可行性。技术要求遵照《居住区智能化系统配置与技术要求》CJ/T 174—2003。

信息网络子系统由居住区宽带接入网、控制网、有线电视网、电话交换网和家庭网组成，提倡采用多网融合技术。建立居住区网站，采用家庭智能终端与通信网络配线箱等。信息网络系统配置差距很大，Ⅲ级配置用于高档豪华型居住区，Ⅱ级配置用于舒适型商品住宅，Ⅰ级配置用于适用型商品住宅或经济适用房。应依据小区的市场定位来选用，充分考虑运行维护模式及可行性。

5.4 运行管理

居住区智能化系统的运营管理是一个十分重要的问题。考虑本标准主要是认定住宅性能，因此入住后对物业管理水平的考核不划入本标准范围之内。本标准主要认定内容为：(1)具有运行管理的实施方案，要求智能化系统资料及图档齐全；(2)合理配置运行管理所需的办公与维护用房、维护设备及器材等。

5.5 当前智能化居住小区建设中的一些问题

有些业主贪多求全，甚至提出"世界一流"、"十五年不落后"等口号。过分强调智能化系统的作用，忽视了中国的现实、文化背景和人们的实际生活水平等，超出了业主的功能需求，造成浪费。缺乏对系统和产品深入的了解，需求分析不够，致使投资效果很不理想，投入使用后发现问题太多。对小区智能化系统的正确定位，科学合理地选择功能及产品是建设成功的关键因素。

智能化系统是高新技术的高度综合，这些高新技术本身也在迅速地发展和更新换代。智能化系统的建成只是一切的开始，在投入运行的几十年时间里，除了需要正确地管理和有效地维护外，还要不断通过实际使用来发现各类系统存在的问题和不足，从而对系统内的部分硬件和软件进行更新与升级，使其达到最佳运行状态。一般来说，智能化系统产品与设备的生命周期为 10～15 年，综合布线与现场总线等的使用寿命在 15～20 年。这就涉及业主利益与维修基金的使用等方面的问题。当前有关部门应研究这方面的体制与政策措施，使之能适时地提升技术与更新设备。

许多方案在总体规划阶段，没有考虑系统建成以后所需要的物业管理人员、运行费用等问题。甚至于有的只为楼盘促销而建，也就是说重建设轻管理，从而导致由于物业管理费偏低或物业管理人员素质差，造成某些系统关闭、停机现象。

这一误区会造成系统运行效果不佳。如有部分小区安装安防系统只是为了门面，实际上不起多大作用；也有些小区安防系统设计过多，不切合实际。另外，根据众多物业管理公司和系统集成商反映，许多小区的中心控制室非常狭小并且偏隅一方，甚至在地下二层，致使智能化系统投入运行后效果不甚理想。考虑到物业管理人员能及时出警响应，迅速赶到现场，中心控制室位置宜首选在小区中心部位。为便于系统维护和检修，机房面积应恰当。开发商应选择有系统设计和施工经验、并能规范施工的集成商来完成智能化系统项目。应严格按规范要求进行施工，否则待隐蔽工程结束后便无法更改了，由此造成的损失将是十分巨大的。智能化系统中涉及的弱电系统较多，应尽量将弱电系统管线统一到一条(个)综合管道(井)中，每个子系统对接地都有一定的要求，应根据不同的子系统确定不同接地方案，接地与防雷应分别考虑、统一施工。

由于智能化系统在国内隶属于建设、公安、邮电、广电、电力等行业管理，目前管理混乱，加强对小区智能化系统管理势在必行。

5.6 系统功能

居住小区智能化系统由安全防范子系统、管理与监控子系统、信息网络子系统和智能型产品组成，总共 21 个功能模块。

安全防范系统由以下五个功能模块构成：

(1) 居住报警装置；

(2) 访客对讲装置；

(3) 周边防越报警装置；

(4) 闭路电视监控装置；

(5) 电子巡更装置。

管理与监控系统由以下五个功能模块构成：

(1) 自动抄表装置；

(2) 车辆出入与停车管理装置；

(3) 紧急广播与背景音乐；

(4) 物业管理计算机系统；

(5) 设备监控装置。

通信网络系统由以下五个功能模块构成：

(1) 电话网；

(2) 有线电视网；

(3) 宽带接入网；

(4) 控制网；

（5）家庭网。

智能型产品由以下六个功能模块构成：

（1）节能技术与产品；

（2）节水技术与产品；

（3）通风智能技术；

（4）新能源利用的智能技术；

（5）垃圾收集与处理的智能技术；

（6）提高舒适度的智能技术。

第六章　住宅经济性能的评定

第一节　经 济 性 能 概 述

1.1　经济性能的界定

顾名思义，对住宅经济性能评价目的应该是对住宅的性能价格比进行综合评判。住宅的经济性能应该反映在住宅全寿命使用的过程中，换句话说对住宅的经济性能的评价应该从住宅的设计、开发建造、使用、维护、直到拆除全寿命周期的各环节予以评价，这也是当前发达国家普遍采取的经济性能评价的方法。住宅经济性能评价的意义和作用既可以引导住宅开发与消费行为的价值取向，也可作为实施经济激励政策的依据。

住宅经济性能大致应该从三个方面去体现：一是住宅建设和使用过程中能源和资源的投入量最小并能得到有效利用，使之资源有效利用、环保与可持续发展，即"开发建设投入资源＋使用物耗（能源、水）/使用年限（寿命）"的比值最小化为目标；二是充分保证消费者切身利益，切实使购房者感到经济实惠，物有所值，买到性能价格比优异的住宅，即"建造费用＋运行费用（日常基本消耗、维护与保养）/使用年限（寿命）"的比值最小化为目标；三是住宅的长寿命，尽可能地使开发建造的住宅能够与时俱进，易于改造和再生，使住宅的自然寿命与经济使用寿命同步。

1.2　经济性能指标设置的背景和主要内容

英国学者爱德华兹进行建筑对环境的影响研究之后，在其撰写的《可持续性建筑》一书中提到：建筑消耗 50% 的能源、消耗 40% 的原材料、消耗 50% 的破坏臭氧层的化学原料、消耗 50% 的水资源、对 80% 农业用地的损失负责。20 世纪 90 年代初期，欧盟针对全球经济和环境协调发展的需要，率先提出了建筑的可持续发展。我国在 2004 年中央经济工作会议上中央领导提出，要大力发展节能省地型住宅，制定并强制推行更严格的节能、节地、节水、节材标准。为贯彻落实中央经济工作会议精神，按照建设部全面发展节能省地型住宅的要求，以及我国政府提出的科学发展观，全面转变经济增长方式，构建资源节约型、环境友好型社会的总体要求，将住宅的经济性能评定从住宅的建造和使用过程中的"四节"，即节能、节水、节地和节材 4 个方面来综合反映评判住宅的经济性能，这样既能够把握被评定项目对国家产业政策的执行情况，又能通过住宅在日常使用过程中的节能、节水、节地、节材的性能来反映住宅的的经济性能，应该说更具有先进性和可操作性。

住宅的经济性能评价分为节能、节水、节地、节材四个方面，共 36 个子项，43 个采分点，总分值 200 分。

- 节能(20 个子项，分值 100 分)
- 节水(5 个子项，分值 40 分)
- 节地(7 个子项，分值 40 分)
- 节材(4 个子项，分值 20 分)

涉及"☆"(即一票否决)有三处：按照标准比照建筑，建筑物围护结构的外墙、外窗和屋顶的平均传热值及热惰性指标满足当地建筑节能的基本要求；或者按照性能化设计建筑的采暖和空调能耗满足当地建筑节能的基本要求。

第二节　关于节能的子项解析

建筑节能涉及多方面，是一个系统工程，彼此之间具有相互联系的联动效应。但就建筑物本身而言，可从提高建筑围护结构的热工性能、供能和用能系统和设备的能效比以及建筑可再生能源的利用等方面来评价住宅建筑的节能性。住宅建筑应通过增强建筑围护结构保温、隔热性能和提高采暖、空气调节设备能效降低采暖、空气调节能耗。本标准从建筑设计(35 分)，围护结构(35 分)，采暖空调系统(20 分)，照明系统(10 分)四个方面对住宅的节能性能进行定性定量的综合评价。

建筑节能设计可采用按规定性指标进行设计，即所设计的住宅建筑的体形系数、窗墙比、围护结构中外墙、外门窗、屋顶的传热系数、热惰性指标等热工指标不超过相关规范的规定的限值；也可采用直接计算采暖、空气调节能耗的性能化方法。在本标准中针对采取不同的建筑节能专项设计的方法，对建筑设计和围护结构两个子项的评价方法也不同。如果按规定性指标进行节能设计，应比照 C01～C10 各子项逐项进行评价；若采取性能化的节能设计方法，则仅依据子项 C11 的要求进行评价。评价方法二者选其一，不得重复进行评价和记分。

评价依据采取审阅设计资料(包括施工图和建筑热工计算书)、检查选用的设备材料以及部品检测报告、现场检查相结合。由于建筑围护结构热工性能是否满足当地建筑节能要求是评价住宅能否达到 A 级住宅的一票否决性指标(标有"☆")，因此在项目终审时必须提供项目的建筑节能专项评价报告。

2.1　建筑设计

有关建筑节能设计参数的确定，是建筑节能的基础，非常重要。本分项总分共计 35 分，评定内容与分值如下：

- 建筑朝向(5 分)；
- 建筑物体形系数(6 分)；
- 严寒、寒冷地区楼梯间与外廊的采暖设计(4 分)；
- 窗墙比(6 分)；

- 外窗遮阳（8 分）；
- 再生能源利用（6 分）。

C01 建筑朝向

评定项目	分　项	子项序号	定性定量指标	分　值
建筑节能	建筑设计	C01	住宅建筑以南北朝向为主	5

住宅朝向以满足采光、通风、日照和防西晒为原则。建筑物朝向对太阳辐射得热量和空气渗透热量都有影响。由于太阳高度角和方位角的变化规律，南北朝向的建筑，夏季可以减少太阳辐射得热，冬季可以增加辐射得热，是最有利的建筑朝向。

C02 建筑物体形系数

评定项目	分　项	子项序号	定性定量指标	分　值
建筑节能	建筑设计	C02	符合当地现行建筑节能设计标准中体形系数规定值	6

建筑物体形系数是指建筑物的外表面积和外表面积所包的体积之比。体形系数的大小对建筑能耗的影响非常显著。研究资料表明，体形系数每增大 0.01，耗能量指标就增加 2.5％。体形系数越小，单位建筑面积对应的外表面越小，外围护结构的传热损失越小。从降低建筑能耗的角度出发，应该将体形系数控制在一个较低的水平上。但是体形系数还与建筑造型、平面布局和采光通风有关，过小的体形系数会制约建筑师的创造性，造成建筑造型呆板，平面布局困难，甚至不利于发挥建筑功能，因此对不同地区有不同的标准。对夏热冬冷和夏热冬暖地区，还对条式建筑和点式建筑制定了不同标准，旨在留给建筑师较多的创作空间（见表 6-1）。

建筑体形系数的一般规定　　　　　　　　　　　　表 6-1

地　区	建筑体形系数	地　区	建筑体形系数
严寒、寒冷	一般在 0.3 以下	夏热冬冷、夏热冬暖	条形 0.35 以下，点式 0.4 以下

C03 严寒、寒冷地区楼梯间与外廊采暖设计

评定项目	分　项	子项序号	定性定量指标	分　值
建筑节能	建筑设计	C03	严寒、寒冷地区楼梯间和外廊采暖设计	采暖期室外平均温度为 0℃～－6.0℃的地区，楼梯间和外廊不采暖时，楼梯间和外廊的隔墙和户门采取保温措施	6
				采暖期室外平均温度在－6.0℃以下的地区，楼梯间和外廊采暖，单元入口处设置门斗或其他避风措施	

楼梯间和外廊是建筑物的节能薄弱部位，严寒、寒冷地区对此应按当地建筑节能标准的规定采取必要的保温措施；对夏热冬冷和夏热冬暖地区无此要求，不予扣分。

C04 窗墙比

评定项目	分 项	子项序号	定性定量指标	分 值
建筑节能	建筑设计	C04	符合当地现行建筑节能设计标准中窗墙面积比规定值	6

据对围护结构的能耗研究表明，围护结构传热损失占 77％，门窗的空气渗漏热损失占 23％；围护结构传热损失中，外墙占 25％、窗户占 24％、楼梯间隔墙占 11％、屋面占 9％、阳台占 3％、户门占 3％、地面占 2％。因此，窗户的传热损失与空气渗漏热损失两项相加，约占全部热损失的 47％。窗户面积和朝向对空调负荷影响也很大，窗墙比 50％与 30％相比，空调设计负荷增加 25％～40％，运行负荷增加 17％～25％；窗墙比 30％时，东西向房间的空调设计负荷及运行负荷分别比南北向要大 37％～56％及 24％～26％；窗墙比增加 10％，西向房间的空调设计负荷及运行负荷分别为南向房间的 2.4 及 2.7 倍。因此，减少窗口面积也是节能的有效途径，必须适当限制窗墙面积比。一般应以满足室内采光要求作为窗墙面积比的确定原则。近年来由于多数购房者对建筑的窗墙比与建筑节能的关系不清楚，片面追求大面积窗、大落地窗，希望自己的住宅更加通透明亮。开发商为迎合市场的需求，使窗墙比突破建筑节能规定性指标的规定，在这种情况下，必须采取更高热工性能的外窗以承担由此产生的代价。窗墙比的一般规定见表 6-2。

窗墙比的一般规定　　　　　　　　　　　　　　　　表 6-2

地　区	南	北	东、西
严寒、寒冷	0.35	0.25	0.3
夏热冬冷	0.5	0.45	0.3(无遮阳) 0.5(有遮阳)
夏热冬暖	0.5	0.45	0.3

C05 外窗遮阳

评定项目	分 项	子项序号	定性定量指标			分 值
建筑节能	建筑设计	C05	外窗遮阳	夏热冬冷地区的南向和西向外窗设置活动遮阳设施		8
				夏热冬暖、温和地区	Ⅱ　南向和西向的外窗有遮阳措施，遮阳系数 $S_W \leqslant 0.90Q$	
					Ⅰ　南向和西向的外窗有遮阳措施，遮阳系数 $S_W \leqslant Q$	(6)

夏季透过窗户进入室内的太阳辐射热构成空调负荷的主要部分，设置外遮阳是减少太阳辐射热进入室内的一个有效措施。冬季透过窗户进入室内的太阳辐射热可以减少采暖负荷，所以设置活动式遮阳是比较合理的。仅夏热冬冷、夏热冬暖和温和地区考虑外窗遮阳，并根据所选择的外窗遮阳措施和遮阳系数给分；严寒、寒冷地区无此要求，不予扣分。常用遮阳设施太阳辐射热透过率见表6-3。

常用遮阳设施的太阳辐射热透过率(%)　　　　　　　　　　表6-3

外 窗 类 型	窗帘内遮阳		活动外遮阳	
	浅色较紧密织物	浅色紧密织物	铝制百叶卷帘(浅色)	金属或木制百叶卷帘(浅色)
单层普通玻璃窗 3+6mm 厚玻璃	45	35	9	12
单框双层普通玻璃窗： 3+6mm 厚玻璃 6+6mm 厚玻璃	42 42	35 35	9 13	13 15

C06 再生能源利用

评定项目	分项	子项序号	定性定量指标			分值
建筑节能	建筑设计	C06	再生能源利用	太阳能利用	Ⅱ 与建筑一体化	6
					Ⅰ 用量大，集热器安放有序，但未做到与建筑一体化	(4)
				利用地热能、风能等新型能源		(6)

再生能源系指太阳能、地热能、风能、生物质能等新型能源，取之不尽、用之不竭，又无污染，尤其是太阳能热水器的利用已有一定的基础。为了更好地推广太阳能在住宅建筑中的利用，鼓励和提倡太阳能利用与建筑一体化的设计，既保证建筑的美观，又保证太阳能设备安全运行，故在此设二个档次进行评分。目前国家已制定了太阳能与建筑一体化设计的有关技术标准，可参考执行。

2.2　围护结构

建筑物通过围护结构与外界空气进行热交换，所以围护结构是建筑节能的重要环节。本分项分值共计35分，评定内容与分值如下：

- 外窗、门的气密性(5分)；
- 外墙平均传热系数与热惰性指标(10分)；
- 外窗平均传热系数(10分)；
- 屋顶平均传热系数(10分)。

C07 外窗、门的气密性

评定项目	分 项	子项序号	定性定量指标		分 值
建筑节能	围护结构	C07	外窗和阳台门(不封闭阳台或不采暖阳台)的气密性	Ⅱ5级	5
				Ⅰ4级	(3)

通过外窗和阳台门的渗透致使建筑围护结构的能耗损失约占23%，因此提高外窗和阳台门的气密性非常重要。外窗和阳台门的渗透性能应按《建筑外窗空气渗透性能分级及其检测方法》GB/T 7107—2000 规定执行，5级的空气渗透量≤0.5m³，4级的空气渗透量为 0.5~1.5m³。

C08 外墙平均传热系数与热惰性指标、C09 外窗平均传热系数、C10 屋顶平均传热系数

评定项目	分 项	子项序号	定性定量指标		分 值
建筑节能	围护结构	C08	外墙热工指标	Ⅲ ≤0.70Q 或符合65%节能目标	10
				Ⅱ ≤0.85Q	(8)
				☆Ⅰ K≤Q	(7)
		C09	外窗热工指标	Ⅲ ≤0.90Q	10
				Ⅱ ≤0.95Q	(8)
				☆Ⅰ K≤Q	(7)
		C10	屋顶热工指标	Ⅲ ≤0.85Q 或符合65%节能目标	10
				Ⅱ ≤0.90Q	(8)
				☆Ⅰ K≤Q	(7)

外墙、外窗、屋顶的平均传热系数等热工性能指标的确定，在不同地区、不同的建筑体形系数，取值要求不一致，其具体要求分别在《民用建筑节能设计标准》(JGJ 26—95)、《夏热冬冷地区居住建筑节能设计标准》(JGJ 134—2001)、《夏热冬暖地区居住建筑节能设计标准》(JGJ 75—2003)中都有明文规定，可结合当地建筑节能的要求对照标准的规定进行评定(严寒和寒冷地区可参考表6-4，夏热冬冷地区可参考表6-5、表6-6，夏热冬暖地区可参考表6-7、表6-8和表6-9。本条设置达标和提高3个档次，目的是鼓励开发商把住宅的保温隔热做得再超前一点，表中的 K 为实际设计值，Q 为当地节能设计标准限值。夏热冬暖地区住宅外墙的平均传热系数和外窗的传热系数必须符合建筑节能设计标准中规定值，分值只按Ⅰ档7分取值。

表 6-4、严寒和寒冷地区各部位围护结构传热系数限值 [W/(m² · K)]

严寒和寒冷地区围护结构各部位传热系数限值[W/(m²·K)]

表 6-4

采暖期室外平均温度(℃)	代表性城市	屋顶 体形系数≤0.3	屋顶 体形系数>0.3	外墙 体形系数≤0.3	外墙 体形系数>0.3	不采暖楼梯间 隔墙	不采暖楼梯间 户门	窗户(含阳台门上部)	阳台门下部芯板	外门	地板 接触室外空气地板	地板 不采暖地下室上部地板	地面 周边地面	地面 非周边地面
2.0~1.0	郑州、洛阳、徐州	0.80	0.60	1.10/1.40	0.80/1.10	1.83	2.70	4.70/4.00	1.70	—	0.60	0.65	0.52	0.30
0.9~0.0	西安、拉萨、青岛、济南	0.80	0.60	1.00/1.28	0.70/1.00	1.83	2.70	4.70/4.00	1.70	—	0.60	0.65	0.52	0.30
-0.1~-1.0	石家庄、德州、天水	0.80	0.60	0.92/1.20	0.60/0.85	1.83	2.00	4.70/4.00	1.70	—	0.60	0.65	0.52	0.30
-1.1~-2.0	北京、天津、大连、阳泉、平凉	0.80	0.60	0.90/1.16	0.55/0.82	1.83	2.00	4.70/4.00	1.70	—	0.50	0.55	0.52	0.30
-2.1~-3.0	兰州、太原、唐山、阿坝、喀什	0.70	0.50	0.85/1.10	0.62/0.78	0.94	2.00	4.70/4.00	1.70	—	0.50	0.55	0.52	0.30
-3.1~-4.0	西宁、银川、丹东	0.70	0.50	0.68	0.65	0.94	2.00	4.00	1.70	—	0.50	0.55	0.52	0.30
-4.1~-5.0	张家口、敦化、伊宁、吐鲁番	0.70	0.50	0.75	0.60	0.94	2.00	3.00	1.35	—	0.50	0.55	0.52	0.30
-5.1~-6.0	沈阳、大同、本溪、阜新、哈密	0.60	0.40	0.68	0.56	0.94	1.50	3.00	1.35	—	0.40	0.55	0.30	0.30
-6.1~-7.0	呼和浩特、抚顺、大柴旦	0.60	0.40	0.65	0.50	—	—	3.00	1.35	2.50	0.40	0.55	0.30	0.30
-7.1~-8.0	延吉、通辽、四平	0.60	0.40	0.65	0.50	—	—	2.50	1.35	2.50	0.40	0.55	0.30	0.30
-8.1~-9.0	长春、乌鲁木齐	0.50	0.30	0.56	0.45	—	—	2.50	1.35	2.50	0.30	0.50	0.30	0.30
-9.1~-10.0	哈尔滨、牡丹江、克拉玛依	0.50	0.30	0.52	0.40	—	—	2.50	1.35	2.50	0.30	0.50	0.30	0.30
-10.1~-11.0	佳木斯、安达、齐齐哈尔	0.50	0.30	0.52	0.40	—	—	2.00	1.35	2.50	0.30	0.50	0.30	0.30
-11.1~-12.0	海伦、博克图	0.40	0.25	0.52	0.40	—	—	2.00	1.35	2.50	0.25	0.45	0.30	0.30
-12.1~-14.5	伊春、呼玛、海拉尔、满洲里	0.40	0.25	0.52	0.40	—	—	2.00	1.35	2.50	0.25	0.45	0.30	0.30

注：①表中外墙周边传热系数限值考虑周边热桥影响后的外墙平均传热系数。有些地区外墙的传热系数限值有两行数据，上行数据与下行数据对应。下行数据与传热系数为4.00的单框双玻金属窗相对应，上行数据与传热系数为4.70的单层塑料窗相对应。

②表中周边地面一栏中0.52为位于建筑物周边的混凝土地面的传热系数；0.30为带保温层的混凝土地面的传热系数。非周边地面一栏中的混凝土地面为建筑物非周边的不带保温层的混凝土地面的传热系数。

夏热冬冷地区围护结构各部位的传热系数 K、热惰性指标 D 限值　　　表 6-5

屋顶*	外墙*	外窗(含阳台门透明部分)	分户墙和楼板	底部自然通风的架空楼板	户 门
$K \leqslant 1.0$ $D \geqslant 3.0$	$K \leqslant 1.5$ $D \geqslant 3.0$	按表 6-6 的规定	$K \leqslant 2.0$	$K \leqslant 1.5$	$K \leqslant 3.0$
$K \leqslant 0.8$ $D \geqslant 2.5$	$K \leqslant 1.5$ $D \geqslant 2.5$				

　　* 当屋顶和外墙的 K 值满足要求,但 D 值不满足要求时,应按照《民用建筑热工设计规范》GB 50176—93 第 5.1.1 条来验算隔热设计要求。

夏热冬冷地区不同朝向、不同窗墙面积比的外窗传热系数　　　表 6-6

朝　　向	窗外环境条件	外窗的传热系数 K [W/(m²·K)]				
		窗墙面积比 $CM \leqslant 0.25$	窗墙面积比 $0.25 < CM$ $\leqslant 0.3$	窗墙面积比 $0.3 < CM$ $\leqslant 0.35$	窗墙面积比 $0.35 < CM$ $\leqslant 0.4$	窗墙面积比 $0.4 < CM$ $\leqslant 0.45$
北(偏东 60° 到偏西 60°范围)	冬季最冷月室外平均气温>5℃	4.7	4.7	3.2	2.5	—
	冬季最冷月室外平均气温≤5℃	4.7	3.2	3.2	2.5	—
东、西(东或西偏北 30°到偏南 60°范围)	无外遮阳措施	4.7	3.2	—	—	—
	有外遮阳(其太阳辐射透过率≤20%)	4.7	3.2	3.2	2.5	2.5
南(偏东 30°到偏西 30°范围)		4.7	4.7	3.2	2.5	2.5

夏热冬暖地区屋顶和外墙的传热系数 K、热惰性指标 D 限值　　　表 6-7

屋 顶	外 墙
$K \leqslant 1.0$, $D \geqslant 2.5$	$K \leqslant 2.0$, $D \geqslant 3.0$ 或 $K \leqslant 1.5$, $D \geqslant 3.0$ 或 $K \leqslant 1.0$, $D \geqslant 2.5$
$K \leqslant 0.5$	$K \leqslant 0.7$

注:$D < 2.5$ 的轻质屋顶和外墙,还应满足国家标准《民用建筑热工设计规范》GB 50176—93 所规定的隔热要求。

夏热冬暖地区北区居住建筑外窗的传热系数和综合遮阳系数限值　　　表 6-8

外　墙	外窗的综合遮阳系数 S_w	外窗的传热系数 K[W/(m²·K)]				
		平均窗墙面积比 $CM \leqslant 0.25$	平均窗墙面积比 $0.25 < CM$ $\leqslant 0.3$	平均窗墙面积比 $0.3 < CM$ $\leqslant 0.35$	平均窗墙面积比 $0.35 < CM$ $\leqslant 0.4$	平均窗墙面积比 $0.4 < CM$ $\leqslant 0.45$
$K \leqslant 2.0$, $D \geqslant 3.0$	0.9	$\leqslant 2.0$	—	—	—	—
	0.8	$\leqslant 2.5$	—	—	—	—

外　墙	外窗的综合遮阳系数 S_w	外窗的传热系数 $K[W/(m^2 \cdot K)]$				
		平均窗墙面积比 $CM \leqslant 0.25$	平均窗墙面积比 $0.25 < CM \leqslant 0.3$	平均窗墙面积比 $0.3 < CM \leqslant 0.35$	平均窗墙面积比 $0.35 < CM \leqslant 0.4$	平均窗墙面积比 $0.4 < CM \leqslant 0.45$
$K \leqslant 2.0$, $D \geqslant 3.0$	0.7	≤3.0	≤2.0	≤2.0	—	—
	0.6	≤3.0	≤2.5	≤2.5	≤2.0	—
	0.5	≤3.5	≤2.5	≤2.5	≤2.0	≤2.0
	0.4	≤3.5	≤3.0	≤3.0	≤2.5	≤2.5
	0.3	≤4.0	≤3.0	≤3.0	≤2.5	≤2.5
	0.2	≤4.0	≤3.5	≤3.0	≤3.0	≤3.0
$K \leqslant 1.5$, $D \geqslant 3.0$	0.9	≤5.0	≤3.5	≤2.5	—	—
	0.8	≤5.5	≤4.0	≤3.0	≤2.0	—
	0.7	≤6.0	≤4.5	≤3.5	≤2.5	≤2.0
	0.6	≤6.5	≤5.0	≤4.0	≤3.0	≤3.0
	0.5	≤6.5	≤5.0	≤4.5	≤3.5	≤3.5
	0.4	≤6.5	≤5.5	≤4.5	≤4.0	≤3.5
	0.3	≤6.5	≤5.5	≤5.0	≤4.0	≤4.0
	0.2	≤6.5	≤6.0	≤5.0	≤4.0	≤4.0
$K \leqslant 1.0$, $D \geqslant 2.5$ 或 $K \leqslant 0.7$	0.9	≤6.5	≤6.5	≤4.0	≤2.5	—
	0.8	≤6.5	≤6.5	≤5.0	≤3.5	≤2.5
	0.7	≤6.5	≤6.5	≤5.5	≤4.5	≤3.5
	0.6	≤6.5	≤6.5	≤6.0	≤5.0	≤4.0
	0.5	≤6.5	≤6.5	≤6.5	≤5.0	≤4.5
	0.4	≤6.5	≤6.5	≤6.5	≤5.5	≤5.0
	0.3	≤6.5	≤6.5	≤6.5	≤5.5	≤5.0
	0.2	≤6.5	≤6.5	≤6.5	≤6.0	≤5.5

夏热冬暖地区南区居住建筑外窗的综合遮阳系数限值　　　　　　　　　　表 6-9

外墙（$\rho \leqslant 0.8$）	外窗的综合遮阳系数 S_w				
	平均窗墙面积比 $CM \leqslant 0.25$	平均窗墙面积比 $0.25 < CM \leqslant 0.3$	平均窗墙面积比 $0.3 < CM \leqslant 0.35$	平均窗墙面积比 $0.35 < CM \leqslant 0.4$	平均窗墙面积比 $0.4 < CM \leqslant 0.45$
$K \leqslant 2.0$，$D \geqslant 3.0$	≤0.6	≤0.5	≤0.4	≤0.4	≤0.3
$K \leqslant 1.5$，$D \geqslant 3.0$	≤0.8	≤0.7	≤0.6	≤0.5	≤0.4
$K \leqslant 1.0$，$D \geqslant 2.5$ 或 $K \leqslant 0.7$	≤0.9	≤0.8	≤0.7	≤0.6	≤0.5

注：① 本表所指的外窗包括阳台门的透明部分。

　　② 南区居住建筑的节能设计对外窗的传热系数不作规定。

　　③ ρ 是外墙外表面的太阳辐射吸收系数。

C11 综合节能要求

评定项目	分 项	子项序号	定 性 定 量 指 标		分 值
建筑节能	综合节能要求(70)	C11	北方耗热量指标	Ⅲ $q_H \leqslant 0.80Q$ 或符合 65%节能标准	70
				Ⅱ $q_H \leqslant 0.90Q$	(57)
				☆Ⅰ $q_H \leqslant Q$	(49)
			中、南部耗热量指标	Ⅲ $E_h + E_C \leqslant 0.80Q$	70
				Ⅱ $E_h + E_C \leqslant 0.90Q$	(57)
				☆Ⅰ $E_h + E_C \leqslant Q$	(49)

当建筑设计和围护结构的要求都满足时,不必进行综合节能要求的检查和评判。反之,就必须进行综合节能要求的检查和评判,两者分值相同,仅取其中之一。当建筑设计体形系数、窗墙比和围护结构传热系数不符合有关规定时,应按性能化要求,计算建筑物的节能综合指标,对建筑节能设计进行综合评价。本条也同样按三个层次水平设置,表中的 K 为实际设计值,Q 为当地节能设计标准限值。

严寒、寒冷地区以建筑物耗热量指标(W/m^2)为控制目标,建筑物耗热量指标不应超过表 6-10 的规定。

建筑物耗热量指标(W/m^2)　　　　　　　　　　　　　　表 6-10

地 名	耗热量指标	地 名	耗热量指标	地 名	耗热量指标	地 名	耗热量指标	地 名	耗热量指标
北京市	20.6	博克图	22.2	齐齐哈尔	21.9	新 乡	20.1	西 宁	20.9
天津市	20.5	二连浩特	21.9	富 锦	22.0	洛 阳	20.0	玛 多	21.5
河北省	—	多 伦	21.8	牡丹江	21.8	商 丘	20.1	大柴旦	21.4
石家庄	20.3	白云鄂博	21.6	呼 玛	22.7	开 封	20.1	共 和	21.1
张家口	21.1	辽宁省	—	佳木斯	21.9	四川省	—	格尔木	21.1
秦皇岛	20.8	沈 阳	21.2	安 达	22.0	阿 坝	20.8	玉 树	20.8
保 定	20.5	丹 东	20.9	伊 春	22.4	甘 孜	20.5	宁 夏	—
邯 郸	20.3	大 连	20.6	克 山	22.3	康 定	20.3	银 川	21.0
唐 山	20.8	阜 新	21.3	江苏省		西 藏	—	中 宁	20.8
承 德	21.0	抚 顺	21.4	徐 州	20.0	拉 萨	20.2	固 原	20.9
丰 宁	21.2	朝 阳	21.1	连云港	20.0	葛 尔	21.2	石嘴山	21.0
山西省		本 溪	21.2	宿 迁		日喀则	20.4	新 疆	—
太 原	20.8	锦 州	21.0	淮 阴	20.0	陕西省	—	乌鲁木齐	21.8
大 同	21.1	鞍 山	21.1	盐 城	20.0	西 安	20.2	塔 城	21.4
长 治	20.8	锦 西	21.0	山东省		榆 林	21.0	哈 密	21.3
阳 泉	20.5	吉林省	—	济 南	20.2	延 安	20.7	伊 宁	21.1

地 名	耗热量指标	地 名	耗热量指标	地 名	耗热量指标	地 名	耗热量指标	地 名	耗热量指标
临 汾	20.4	长 春	21.7	青 岛	20.2	宝 鸡	20.1	喀 什	20.7
晋 城	20.4	吉 林	21.8	烟 台	20.2	甘肃省	—	富 蕴	22.4
运 城	20.3	延 吉	21.5	德 州	20.5	兰 州	20.8	克拉玛依	21.8
内蒙古	—	通 化	21.6	淄 博	20.4	酒 泉	21.0	吐鲁番	21.1
呼和浩特	21.3	双 辽	21.6	兖 州	20.4	敦 煌	21.0	库 车	20.9
锡林浩特	22.0	四 平	21.5	潍 坊	20.4	张 掖	21.0	和 田	20.7
海拉尔	22.6	白 城	21.8	河南省	—	山 丹	21.1		
通 辽	21.6	黑龙江	—	郑 州	20.0	平 凉	20.6		
赤 峰	21.3	哈尔滨	21.9	安 阳	20.3	天 水	20.3		
满洲里	22.4	嫩 江	22.5	濮 阳	20.3	青海省	—		

夏热冬冷、夏热冬暖地区建筑物采暖和空气调节年耗电量应采用动态逐时模拟的方法在确定的条件下计算。计算出的采暖和空气调节年耗电量之和，不应超过表6-11按采暖度日数列出的采暖年耗电量和按空气调节度日数列出的空气调节年耗电量限值之和。

建筑物采暖年耗电量和空气调节年耗电量的限值　　表6-11

HDD18(℃·d)	采暖年耗电量 E_h(kWh/m²)	CDD26(℃·d)	空气调节年耗电量 E_c(kWh/m²)
800	10.1	25	13.7
900	13.4	50	15.6
1000	15.6	75	17.4
1100	17.8	100	19.3
1200	20.1	125	21.2
1300	22.3	150	23.0
1400	24.5	175	24.9
1500	26.7	200	26.8
1600	29.0	225	28.6
1700	31.2	250	30.5
1800	33.4	275	32.4
1900	35.7	300	34.2
2000	37.9		
2100	40.1		
2200	42.4		
2300	44.6		
2400	46.8		
2500	49.0		

2.3 采暖空调系统

本分项分值共计 20 分，评定内容与分值如下：

- 分户热计量与装置(5 分)；
- 采暖系统的水力平衡措施(2 分)；
- 空调器的位置(4 分)；
- 空调器的选用(4 分)；
- 室温控制(3 分)；
- 空调器室外机的位置(2 分)。

C12 分户热计量与装置

评定项目	分　项	子项序号	定性定量指标	分　值
建筑节能	采暖空调系统	C12	采用用能分摊技术与装置	5

分户热计量的技术措施为节能的运行管理和供热商品化提供了条件。建设部颁布的第 143 号令《民用建筑节能管理规定》中第十二条规定"采用集中采暖制冷方式的新建民用建筑应当安设建筑物室内温度控制和用能计量设施，逐步实行基本冷热价和计量冷热价共同构成的两部制用能价格制度"。在尚未完全实施供热商品化制度之前，新建系统必须考虑为分户热计量、调控提供可能的预留条件和实现的可能性。此条可据此进行评判。

C13 采暖系统的水力平衡措施

评定项目	分　项	子项序号	定性定量指标	分　值
建筑节能	采暖空调系统	C13	集中采暖空调水系统采取有效的水力平衡措施	2

对集中采暖空调水系统必须采取有效的水力平衡措施，以保证系统的供热和制冷的均匀性，以降低物耗、水耗和电耗、达到节能的目的。此条通过审查采暖、空调水系统的设计文件、考察实际运行效果予以评判。

C14 空调器的位置

评定项目	分　项	子项序号	定性定量指标		分　值
建筑节能	采暖空调系统	C14	预留安装空调的位置合理，使空调房间在选定的送、回风方式下，形成合适的气流组织	Ⅲ　气流分布满足室内舒适的要求	4
				Ⅱ　生活或工作区 3/4 以上有气流通过	(3)
				Ⅰ　生活或工作区 3/4 以下 1/2 以上有气流通过	(2)

室内预留安装空调的位置合理，使空调房间在选定的送、回风方式下，形成合适的气流组织。此条通过现场实地考察进行评判。

C15 空调器的选用

评定项目	分项	子项序号	定性定量指标		分值
建筑节能	采暖空调系统	C15	空调器种类	Ⅲ 达到国家空调器能效等级标准中2级	4
				Ⅱ 达到国家空调器能效等级标准中3级	(3)
				Ⅰ 达到国家空调器能效等级标准中4级	(2)

居住建筑采用分体式(户式)空气调节器(机)进行空调(及采暖)时，其能效等级应按照国家标准《房间空气调节器能效限定值及能源效率等级》GB 12021.3—2004 的规定进行节能评价(国家规定2级以上为节能空调，见表6-12)。根据所选用的空调能效等级2级、3级及4级分别给予不同分值(能效等级1—2级为绿色产品；5级为高能耗产品，今后将会被淘汰)。如果项目提供毛坯房，无法判断未来住户购买何种能效等级的空调，则本条不予给分。

分体式(户式)空气调节器能效等级指标　　　　　　表6-12

额定制冷量 CC/W	能效等级				
	5	4	3	2	1
4500 以下	2.6	2.8	3.0	3.2	3.4
4500～7100	2.5	2.7	2.9	3.1	3.3
7100 以上	2.4	2.6	2.8	3.0	3.2

当应用冷水机组和单元式空气调节机为集中式空气调节系统冷源设备时，其性能系数、能效比不应低于表6-13和表6-14的规定值。

冷水机组性能系数　　　　　　表6-13

类型	额定制冷量 CC(kW)	性能系数 COP(W/W)
风冷式或蒸发冷却式	$CC \leqslant 50$	2.60
	$CC > 50$	2.80
水冷式	$CC \leqslant 528$	4.10
	$528 < CC \leqslant 1163$	4.30
	$CC > 1163$	4.60

单元式空气调节机能效比　　　　　　　　　　　表 6-14

类　　型		能效比 EER(W/W)
风 冷 式	不 接 风 管	2.60
	接 风 管	2.30
水 冷 式	不 接 风 管	3.00
	接 风 管	2.70

C16 室温控制

评定项目	分　项	子项序号	定性定量指标		分　值
建筑节能	采暖空调系统	C16	室温控制情况	房间室温可调节	3

　　采用集中采暖空调系统应设置采取室温调控装置。若采用分体式采暖空调器则视为具备室温调控的功能，应予给分。

C17 空调器室外机的位置

评定项目	分　项	子项序号	定性定量指标		分　值
建筑节能	采暖空调系统	C17	室外机位置	Ⅱ　满足通风要求，且不易受到阳光直射	2
				Ⅰ　满足通风要求	(1)

　　为了保持建筑物外立面的美观、统一、协调，提倡统一设置空调室外机的预留位置。空调室外机安放搁板，应充分考虑其位置利于空调器夏季排放热量、冬季吸收热量，并应防止对室内产生热污染及噪声污染。此条可根据审查设计图纸和现场考察进行评判。

2.4　照明系统

　　照明节能也是建筑节能的重要内容之一。本分项分值共计 20 分，评定内容与分值如下：

- 照明方式(3分)；
- 采用高效节能的照明产品(2分)；
- 设置节能控制开关(3分)；
- 照明功率密度值(2分)。

C18 照明方式

评定项目	分　项	子项序号	定性定量指标	分　值
建筑节能	照明系统	C18	照明方式合理	3

　　应根据节能的原则进行照明方式的确定，既要保证照度要求，又要兼顾节能。此条评判以设计审查和现场查验为准。

C19 采用高效节能的照明产品

评定项目	分　项	子项序号	定性定量指标	分　　值
建筑节能	照明系统	C19	采用高效节能的照明产品(光源、灯具及附件)	2

高效节能的照明产品的使用寿命和节能效果都高于普通产品。若项目为毛坯房，则此项不予给分。

C20 设置节能控制开关

评定项目	分　项	子项序号	定性定量指标	分　　值
建筑节能	照明系统	C20	设置节能控制型开关	3

此条主要针对公共空间照明开关控制措施的设计选择，为了节能应该采用延时自闭、声控等节能开关。此条评判以设计审查和现场查验为准。

C21 照明功率密度值

评定项目	分　项	子项序号	定性定量指标	分　　值
建筑节能	照明系统	C21	照明功率密度(LPD)满足标准要求	2

本节内容系根据国标《建筑照明设计标准》(GB 50034—2004)的规定，住宅建筑每平方米的照明功率(LPD)不宜超过标准规定 $7 \sim 6W/m^2$ 的值。若项目为毛坯房，则此项不予给分。

第三节　关于节水的子项解析

水是维持地球生态和人类生存的最为基础性的自然资源。我国淡水资源缺乏，人均水资源拥有量仅为世界平均水平的1/4，随着我国城市建设和工业的发展，城市用水量和排水量不断增长，造成水资源日益不足，水质日趋污劣。有资料报道：我国近80％的城市有不同程度的缺水问题，600多个城市中有400多个缺水，其中110个严重缺水，每年缺水总量超过1200亿 m^3。我国水资源安全形势十分严峻，资源相对不足已成为制约经济发展和推进城市化进程的突出矛盾。据初步统计住宅用水约为城市用水总量的30％，因此在住宅的规划建设中考虑节水、提高用水效率有十分积极的意义。节水主要从污水资源化、雨水收集利用和节水措施来达到节水的目的，因此在保证环境的同时，要更好地引导和推动住宅的节水，保证居住区环境用水，提高用水效率，降低用水成本，通过节水带来效益，使住区居民得到真正的实惠。本标准从中水利用(12分)、雨水利用(6分)、节水器具及管材(12分)、公共场所节水措施(6分)和景观用水(4分)5个方面对住宅的节水性能进行定性定量的评价。评价采取审阅设计资料、专项检测报告、现场检查相结合的方法。

3.1 中水利用

评定项目	分　项	子项序号	定性定量指标	分　值
节　水	中水利用	C22	建筑面积 5 万 m² 以上的居住小区，配置了中水设施，或回水利用设施，或与城市中水系统连接，或符合当地规定要求； 建筑面积 5 万 m² 以下或中水来源水量或中水回用水量过小（小于 50m³/d）的居住小区，设计安装中水管道系统等中水设施	12

中水利用是节水最显著的一项措施。早在 20 世纪 70～80 年代，许多发达国家就已开始在重视保护环境的同时，进行污水资源化的探索，随着经济技术的不断发展，对城市污水处理与中水回用的思想和做法也发生了相当大的转变。过去不重视和考虑城市污水处理后回用，而仅仅是出于环保的需要，人们从投资和方便管理角度出发，认为城市污水应尽可能地集中统一处理，这样做既提高了投资效益，又便于运行管理。但一考虑中水回用，这样集零为整的做法就应该重新审视。集零为整既投资大、又浪费能源，还不便于就地回用。因此从技术经济的角度，考虑中水回用化整为零可能是更好的途径。我国在 20 世纪 80 年代初，开始研究中水回用。早在 1982 年青岛市就将中水回用作为市政用水及其他杂用水，以缓解淡水危机，取得了较为成功的经验。北京、深圳、济南等城市，都已明确规定，建筑面积 5 万 m² 以上的居住小区，必须建立中水设施。一方面我们急呼供水紧张，另一方面又把优质水用于绿化、洗车、道路浇洒和冲洗马桶，而这些用水是完全能用中水取代的。开发住宅小区中水回用系统，实现污、废水的资源化，既可节省水资源，又可使污水无害化，起到保护环境、防治水污染、缓解资源不足的重要作用，有明显的社会效益和经济效益。

居民生活污水分为黑色污水和灰色污水。一般粪便污水和厨房油污较大的污水为黑色污水，而洗衣、沐浴、盥洗废水等水质较佳的优质杂排水一般称其为灰色污水，从表 6-15 中便可一目了然。且灰色污水一般占家庭用水的 60% 左右（见表 6-16、表 6-17），可想而知，这部分水作为中水回用的水源既可保量，水质处理又不太难。

住宅建筑中各类排水水质情况（mg/L） 　　　　　表 6-15

项目	冲厕	厨房	沐浴	盥洗	洗衣	总计
BOD_5	300～450	500～650	50～60	60～70	220～250	230～300
COD_{Cr}	800～1100	900～1200	120～135	90～120	310～390	455～600
SS	350～450	220～280	40～60	100～150	60～70	155～180

住宅分项用水百分率（%） 　　　　　表 6-16

项目	冲厕	厨房	沐浴	盥洗	洗衣	总计
用水	21.3～21	20～19	29.3～32	6.7～6	22.7～22	100

住宅最高日生活用水量定额[L/(人·d)]

表 6-17

住宅类型		卫生器具配置标准	用水定额
普通住宅	Ⅰ	大便器、洗涤盆	85～150
	Ⅱ	大便器、洗涤盆、洗脸盆、洗衣机、热水器、沐浴设备	130～300
	Ⅲ	大便器、洗涤盆、洗脸盆、洗衣机、集中热水供应(家用热水机组)、沐浴设备	180～320
别　墅		大便器、洗涤盆、洗脸盆、洗衣机、洒水拴、家用热水机组、沐浴设备	200～350

中水回用处理设施应根据处理水量、处理后回用水的用途所要求的水质(杂用水质和景观用水水质要求见表 6-18、表 6-19)以及运行维护的可能性选择处理工艺。中水利用系统一般由污水收集、二级处理、深度处理、再生水输配、用户用水管理等部分组成，一般以生物处理法为主。应通过技术经济比较选择适宜的技术路线和处理工艺，确保中水利用的安全。目前国内已有许多住宅小区中水回用的成功范例，实践证明住宅小区中水回用既节水、环保，又有较好的经济效益和社会效益。

杂用水质控制指标

表 6-18

序号	指　标	冲厕	道路浇洒	绿化	车辆冲洗	建筑施工
1	pH 值	6～9				
2	色度(度)≤	30				
3	臭	无不快感				
4	浊度(NTU)≤	5	10	10	5	20
5	溶解性总固体(mg/L)≤	1500		1000		—
6	BOD_5(mg/L)≤	10	15	20	10	15
7	氨氮(mg/L)≤	10	10	20	10	20
8	阴离子表面活性剂(mg/L)≤	1.0			0.5	1.0
9	铁(mg/L)≤	0.3	—	—	0.3	—
10	锰(mg/L)≤	0.1	—	—	0.1	—
11	溶解氧(mg/L)≥	1.0				
12	总余氯(mg/L)	接触 30min 后≥1.0, 管网末端≥0.2				
13	总大肠菌群(mg/L)≤	3				

景观环境用水水质控制指标(mg/L)

表 6-19

序号	项　目	观赏性景观环境用水			娱乐性景观环境用水		
		河道类	湖泊类	水景类	河道类	湖泊类	水景类
1	基本要求	无漂浮物，无令人不愉快的臭和味					
2	pH 值	6～9					

序号	项　目	观赏性景观环境用水			娱乐性景观环境用水		
		河道类	湖泊类	水景类	河道类	湖泊类	水景类
3	BOD$_5\leqslant$	10			6		
4	SS$\leqslant$	20	10		—		
5	浊度(NTU)$\leqslant$	—			5		
6	溶解氧$\geqslant$	1.5			2		
7	总磷(以 P 计)$\leqslant$	1	0.5		1		2
8	总氮$\leqslant$	15					
9	氨氮(以 N 计)$\leqslant$	5					
10	总大肠菌群(个/l)$\leqslant$	10000	2000		500		不得检出
11	余氯[①]$\geqslant$	0.05					
12	色度(度)$\leqslant$	30					
13	石油类$\leqslant$	1					
14	阴离子表面活性剂$\leqslant$	0.5					

[①] 氯接触时间不应少于 30min 的余氯。对于非加氯消毒方式无此项要求。

　　中水系统的设置应符合当地政府相关法规要求，并非要搞一刀切。有些城市正在统一建设中水供水管网，鉴于此，对具备中水供水管网的城市接入中水管道即可，小区就不必自建中水处理设施。

　　本条评判以设计图纸审查和现场考核为准。

3.2　雨水利用

评定项目	分　项	子项序号	定性定量指标	分　值
节　水	雨水利用	C23	采用雨水回渗措施	3
		C24	采用雨水回收措施	3

　　雨水利用是节水的重要措施，雨水利用工程作为城市自来水的替代水源具有一定的现实意义，发达国家对此非常重视，且在产业化方面发展很快。中国的年平均降雨量为840mm，和世界平均降雨量持平。但我国幅员辽阔，在水资源的时空分布上很不均匀，各地区有较大的差别，降雨的强度和历时更是各不相同。因此，雨水利用工程的推广与应用应因地制宜，确定雨水利用的方式和范围：

　　(1) 丰雨区(年降雨量在 1600mm 以上)应充分利用雨水资源，经处理后，可回用于绿化、景观用水，并可营造一些较大的水景，提高居住环境的舒适度等。

　　(2) 多雨区(年降雨量在 800～1600mm)应充分利用雨水资源，经处理后，可回用于绿化、景观用水，水景景观规模不宜过大。

　　(3) 过渡区(年降雨量在 400～800mm)这些地区雨量不够丰沛，往往伴随着资源性缺水，经处理后，可回用于冲厕、洗车、绿化和水景。但是，应有备用水源。

　　(4) 少雨区(年降雨量在 200～400mm)这些地区常年缺水，雨水将是生活用水的主要水源，尽可能采用回渗截流。

表 6-20 为各种地面雨水径流系数，供设计时参考。

各种地面的雨水径流系数   表 6-20

地 面 种 类	径 流 系 数
各种屋面、混凝土和沥青路面	0.90
大块石铺砌路面和沥青表面处理的碎石路面	0.60
级配碎石路面	0.45
干砌砖石和碎石路面	0.40
非铺砌土路面	0.30
绿地	0.15

住宅小区内应注意减少地面的硬质铺装，多采用透水地面，雨水回渗对小区绿化、生态以及地下水的涵养均有好处。停车场、道路可采取透水地面的做法有利于雨水回渗。对雨水回收虽涉及收集装置、水处理、回用装置等许多环节，但成本不大，最好结合当地的降雨情况决定采用与否。

本条评判以设计图纸审查和现场考核为准。

3.3 节水器具及管材

评定项目	分 项	子项序号	定性定量指标	分 值
节水	节水器具及管材	C25	使用≤6L便器系统	3
		C26	便器水箱配备两档选择	3
		C27	使用节水型水龙头	3
		C28	给水管道及部件采用不易漏损的材料	3

卫生间用水量占家庭用水 60%～70%，便器用水占家庭用水的 20%～30%，对此，应积极推广采用节水型便器和水嘴。为了避免或减少管道的漏失，应采用连接性能可靠、耐腐蚀、环保型、使用寿命长的优质管材。经多年的节水宣传，百姓普遍具有节水的意识，都可自觉地选用节水器具，如一次冲洗水量在 6L 以下的便器、陶瓷阀芯密封水嘴等节水器具。

本条评判以设计图纸审查和现场考核为准，但 C26 子项对全装修房核对后方可给分，对毛坯房项目不予给分。

3.4 公共场所节水措施

评定项目	分 项	子项序号	定性定量指标	分 值
节水	公共场所节水措施	C29	公用设施中的洗面器、洗手盆、淋浴器和小便器等采用延时自闭、感应自闭式水嘴或阀门等节水型器具	3
		C30	绿地、树木、花卉使用滴灌、微喷等节水灌溉方式，不采用大水漫灌方式	3

公共场所用水浪费现象比较普遍，为此要求公共场所应该采用延时自闭、感应自闭水嘴或阀门等节水器具。绿化浇洒方式的选择对节水影响非常大，绿地采用喷灌要比灌溉的节水效果明显得多，据资料介绍，采用喷灌要比灌溉每公顷绿地每年大约可节省2800吨的浇灌水量，甚为可观。

本条评判以设计图纸审查和现场考核为准。

3.5 景观用水

评定项目	分　项	子项序号	定性定量指标	分　值
节　水	景观用水	C31	不用自来水为景观用水的补充水	4

水景和湿地是当前住宅小区景观设计的重要内容，它具有调节小区局部环境的功能和作用。水景的规模不一，小型的有喷泉、叠流、瀑布等；中型的有溪流、镜池等；大型的有水面、人工湖等。景观用水不得采用自来水作为补充水已在新近颁发的《住宅建筑规范》GB 50386—2005 作为强条予以规定，因此景观用水的补充水只能寻求其他途径，可用中水或雨水等其他水作为景观用水的补充水，但水质一定要保证安全。

本条评判以设计图纸审查和现场考核为准。

第四节　关于节地的子项解析

我国虽然地大物博，但可耕种土地的面积非常有限，人均耕地面积仅为世界人均值的1/3，供生存生活的土地与世界人口第一大国相比，土地资源显得十分紧张，节约土地，尤其保护耕地对我国这样一个人口大国具有更加重要的战略意义。据初步统计，住宅用地一般占到城市用地的30%左右。因此，节地也是评定住宅性能必须考虑的一个大问题。本标准从地下停车比例(8分)、容积率(5分)、建筑设计(7分)、新型墙体材料(8分)、节地措施(5分)、地下公建(5分)和土地利用(2分)7个分项，共计40分，对项目的节地性能进行评定。

4.1 地下停车比例

评定项目	分　项	子项序号	定性定量指标		分　值
节　地	地下停车比例	C32	地下或半地下停车位占总停车位的比例	Ⅲ　≥80%	8
				Ⅱ　≥70%	(7)
				Ⅰ　≥60%	(6)

随着国民经济的高速发展，居民消费水平的提高，私人小汽车拥有量也快速增长，对此各地制订的标准差异很大，停车位太少满足不了需求，停车位太多又浪费了资源，加上停车方式有地下、半地下、地面和停车楼多种形式，给制定标准带来了困难。《城市居住区规划设计规范》(2002年版)对居民停车率只规定了10%的下限指标，出于对地面环境

的考虑，又规定地面停车率不宜超过10％。现有的大中城市的住宅小区停车率已远远超过10％，若再考虑地面停车率时，以10％为指标显然是不合适的。本评定子项在强调利用地下空间资源放置部分小汽车的同时，出于节地的考虑隐含着在地面还是可以存放部分小汽车。请注意，在环境性能中称之停车率系指居住区内居民汽车的停车位数量与居住户数的比率；此处所称的地下停车比例，系指地下停车位数量占小区停车数量总数的比例。

本评定子项评判以审查设计资料为准。

4.2 容积率

评定项目	分 项	子项序号	定性定量指标	分 值
节 地	容积率	C33	合理利用土地资源，容积率符合规划条件	5

容积率是每公顷住区用地上拥有的各类建筑的建筑面积（万 m^2/hm^2）或以住区总建筑面积（万 m^2）与住区用地（万 m^2）的比值表示。它是开发商最敏感的一个数字。容积率过小，土地资源利用率低，造成单位住宅成本过高；容积率过大，可能产生人口密度过高、居住环境质量下降、建筑造价过高等问题。因而，对容积率的评定要综合考虑经济、环境以及未来发展等多种因素。实际上在住宅性能评定前，容积率已由规划部门严格审批，在此强调是突出节地的重要性。

本评定子项评判以审查设计资料为准。

4.3 建筑设计

评定项目	分 项	子项序号	定性定量指标	分 值
节 地	建筑设计	C34	住宅单元标准层使用面积系数，高层≥72％，多层≥78％	5
		C35	户均面宽值不大于户均面积值的1/10	2

使用面积系数是指住宅建筑总使用面积与总建筑面积之比，本标准的使用面积系数是根据经验数字而确定的，高层住宅因分摊的公共面积多，使用面积系数较低，而多层住宅分摊的公共面积少，使用面积系数偏高。住宅的使用面积系数不应低于表中规定。

面宽大虽然有利于通风采光，但不利于节地，因此，应适当兼顾二者的平衡。本条规定户均面宽值不大于户均面积的1/10是为了保证一定的进深，以期节地。

本评定子项评判以审查设计资料为准。

4.4 新型墙体材料利用

评定项目	分 项	子项序号	定性定量指标	分 值
节 地	新型墙体材料	C36	采用取代黏土砖的新型墙体材料	8

墙体材料几乎占每栋建筑物主体固体材料用料80％以上，耗能占建材工业总能耗的一半左右，多达7000多万吨标准煤，存在着严重的毁田取土、高能耗与污染环境等问题。

墙体材料改革已有国家明文规定，其核心是用新型墙材取代实心黏土砖，改变毁田烧砖的历史，实际上也是节地的一种表现形式。根据世界粮农组织的警示，人均耕地在0.8亩是粮食危机的警戒线，为此1999年建设部会同原国家经贸委、国家建材局、国家技术监督局联合下发了［(1999)建住房295］号文，明确提出在我国人均耕地低于0.8亩的地区和城市禁止使用实心黏土砖，并逐步淘汰黏土类墙体材料。此后国家发改委又明令全国170个城市不得使用黏土类墙体材料。对有限制的地区和城市必须严格执行，在此限制之外的地区可不受此约束，但在有条件的情况下也应该积极采用非黏土类墙体材料，或黏土空心墙材。

目前新型墙体材料主要包括砖类产品(空心砖、多孔砖、煤矸石砖、粉煤灰砖、灰砂砖、道路广场砖等)、砌块类产品(普通混凝土砌块、轻质混凝土砌块、加气混凝土砌块、石膏砌块及各类复合保温复砌块等)、板类产品(GRC板、石膏板、各类工业废渣墙板、纤维增强板、各类有机保温及复合墙板等)。这些新型墙体材料具有符合建筑功能要求的技术性能，如轻质、高强、保温、隔热，并具有较好节能、节土、利废，有利于环境保护等优点。

本评定子项评判以设计资料审查和现场考核为准，对非限制禁用黏土类墙材地区不予扣分。

4.5 节地措施

评定项目	分　项	子项序号	定性定量指标	分　值
节　地	节地措施	C37	采用新设备、新工艺、新材料而明显减少占地面积的公共设施	5

科技发展日新月异，建筑业中的新设备、新工艺、新材料不断涌现，有的四新技术采用后可大大地节约土地，如箱式变压器，既美观，占地面积又小，仅为传统变电站用地的1/20，节地作用十分明显的。本评定子项的设置旨在鼓励开发企业积极采用节地效果明显的技术措施。

本评定子项评判以设计资料审查和现场考核为准。

C38 地下公建

评定项目	分　项	子项序号	定性定量指标	分　值
节　地	地下公建	C38	部分公建(服务、健身娱乐、环卫等)利用地下空间	5

许多公建对日照等要求不高，所以把部分公建置于地下乃是节地的一项措施之一。本评定子项的设置旨在鼓励开发企业积极充分利用地下空间，将部分公建，如商业服务设施、健身娱乐、设备用房、环卫等设施置于地下。

本评定子项评判以设计资料审查和现场考核为准。

评定项目	分　项	子项序号	定性定量指标	分　值
节　地	土地利用	C39	利用荒地、坡地及不适宜耕种的土地	2

本评定子项的设置旨在鼓励开发企业尽可能地选择利用荒地、坡地及不适宜耕种的土地进行住宅的开发建设。

本评定子项评判以设计资料审查和现场考核为准。

第五节　关于节材的子项解析

节约材料是一个很重要的环节，是可持续发展的需要，也是提高住宅经济性能的途径。节材的途径就是尽可能地避免使用难以降解的材料，通过 3R(reduce、reuse、recycle)，即减量化、再利用、循环使用，最大限度地降低自然资源的消耗、减轻环境负荷。本标准从可再生材料(3分)、建筑节材新技术(10分)、节材措施(2分)和建材回收率(5分)4个分项，共计20分，对项目的节材性能进行评判。

5.1　可再生材料利用

评定项目	分　项	子项序号	定性定量指标	分　值
节　材	可再生材料利用	C40	利用可再生材料	3

本评定子项的设置旨在鼓励开发企业积极选用可再生材料、减少对自然资源的过度依赖和消耗。利用可再生材料系指钢材、木材、竹材、建筑垃圾、工业废渣(粉煤灰、煤矸石、磷石膏、尾矿等)等材料的再生利用。

墙体材料利用工业固体废弃物(煤矸石、粉煤灰和各种固体废弃物)生产节能、节土、利废、环保的新型墙体材料是工业废碴再生利用的重要领域。墙体材料的生产每年利用尾矿、冶炼渣、煤矸石、粉煤灰、油页岩渣、磷矿渣、凝灰岩和赤泥等工业固体废弃物，几乎涉及各类稳定安全的固体材料及废弃物，生产非烧结制品 60 亿块，利用工业固体废弃物总量约 1500 万吨。建筑垃圾的再生利用也对垃圾减量、保护环境具有积极意义。

本评定子项评判以设计资料审查和现场考核为准。

5.2　建筑新技术应用

评定项目	分　项	子项序号	定性定量指标		分　值
节材	建筑设计施工新技术	C41	高强高性能混凝土、高效钢筋、预应力钢筋混凝土技术、粗直径钢筋连接、新型模板与脚手架应用、地基基础技术、钢结构技术和企业的计算机应用与管理技术	Ⅲ　采用其中 5～6 项技术	10
				Ⅱ　采用其中 3～4 项技术	(8)
				Ⅰ　采用其中 1～2 项技术	(6)

建筑设计施工新技术中的高强高性能混凝土、高效钢筋、预应力钢筋混凝土、粗直径钢筋连接、新型模板与脚手架应用、地基基础、钢结构新技术和企业的计算机应用与管理技术均涉及节材的内容。据英国管理资料介绍，单是企业的计算机应用及信息化管理就可减少材料浪费30％。由于涉及内容较宽，各工程因地制宜选用新技术情况不一，故在此采用按选用数量多少分级评分的办法，其评判以设计资料审查和现场考核为准。

5.3 节材措施

评定项目	分　项	子项序号	定性定量指标	分　值
节　材	节材新措施	C42	采用节约材料的新工艺、新技术	2

除了前面提及到的再生利用技术、高性能混凝土技术、高效钢筋连接与预应力技术、钢结构技术等技术外，节材的途径还有许多，如工厂预制化技术、提高材料耐久（候）性技术、复合材料技术、可拆卸技术、装修一次到位、模数化网格设计等等，但提高建筑物的使用寿命是最有效的节材途径。本评定子项的设置旨在鼓励开发企业积极采取节材的新工艺、新技术措施，积极创新。

本评定子项评判以设计资料审查和现场考核为准。

5.4 建材回收率

评定项目	分　项	子项序号	定性定量指标		分　值
节　材	建材回收率	C43	使用一定比例的再生玻璃、再生混凝土砖、再生木材等回收建材	Ⅲ　使用三成回收建材	5
				Ⅱ　使用二成回收建材	(4)
				Ⅰ　使用一成回收建材	(3)

许多欧美发达国家对于建筑物均有"建材回收率"的规定，也就是通常指定建筑物必须使用3～4成以上的再生玻璃、再生混凝土砖、再生木材等回收建材。2005年5月日本政府颁布了《建设再生利用法》，又称《关于与建筑施工相关材料的资源再利用的法律》，该法明确了开发建设企业和业主对建筑物分类拆除和资源在利用方面所应承担的义务、确保建筑物分类拆除和资源在利用的实施措施，以及对违反相关规定的处罚等内容；要求一定规模以上的建筑施工，在现场通过分类拆除对可回用的建材进行分类，并且再利用。目前日本的混凝土块的再利用率约为七成，营建废弃物的五成均经过回收再循环使用（日本KSI集合住宅体系建材再生利用情况见表6-21），有些欧洲国家甚至以八成回收率为目标。

考虑到我国这方面工作尚处于起步阶段，各项技术和评价方法还不成熟，在此规定起到一种引导和促进作用。鉴于此，本标准采用较低指标，分级评分的办法。本评定子项评判以设计资料审查和现场考核为准。

日本 KSI 集合住宅体系建材再生利用情况一览表　　　　　　　表 6-21

部　位	部件（品）	材质	拆除量	再利用量	废弃量	再利用率
吊　顶	吊　杆	铝	13.7kg	10.5kg	3.2kg	76.6%
	支　撑	轻　钢	33.4kg	19.8kg	13.6kg	59.3%
隔墙龙骨	龙　骨	铝	49.5kg	42.2kg	7.3kg	85.3%
	斜　撑	轻　钢	70.3kg	32.4kg	37.9kg	46.1%
吊顶饰面	吊顶板	纸面石膏板	368.0kg	56.2kg	311.8kg	15.3%
	钉	塑　料	6.7kg	2.4kg	4.3kg	35.8%
隔墙饰面	壁　板	纸面石膏板	492.4kg	54.9kg	437.5kg	11.1%
	钉	塑　料	18.3kg	12.7kg	5.9kg	67.8%
架空地板	垫　板	刨花板	483.7kg	368.0kg	115.7kg	76.1%
	衬　板	胶合板	23.4m^2	14.7m^2	8.7m^2	62.8%

第七章　住宅安全性能的评定

第一节　安全性能评定项目及分值的设定

1.1　评定项目的设置及分值的确定

目前我国正处于住宅建设的高潮期，住宅建设发展速度很快，近年来，我国每年城乡住宅竣工面积均保持在 $12\sim14$ 亿 m^2 之间。住宅已成为人们关注和消费的热点，消费者在关注住宅价格高低涨落的同时，还密切关注着建筑的建造质量和性能。鉴于住宅的安全性关系到居民的生命与财产安全，关系到居民的身体健康，因此是住宅最为重要和根本的性能。对于现代住宅，安全性能除建筑结构安全和建筑防火安全外，尚应包括燃气及电气设备安全、日常安全防范措施，以及建筑材料和室内污染物控制等。国标《住宅性能评定技术标准》GB/T 50362—2005 把住宅安全性能评定共设为 5 个评定项目，即结构安全，建筑防火，燃气及电气设备安全，日常安全防范措施和室内污染物控制，其分值分别为 70分、50 分、35 分、20 分和 25 分，合计 200 分。这 5 个评定项目又分为 17 个评定分项，共计 53 个评定子项。其中特别值得提起注意的是下列 6 个含有"☆"的评定子项：①结构工程(含地基基础)设计施工程序符合国家相关规定，施工质量验收合格且符合备案要求；②抗震设计符合规范要求；③室外消防给水系统、防火间距、消防交通道路及扑救面质量符合国家现行规范的规定；④墙体材料的放射性污染、混凝土外加剂中释放氨的含量不超过国家现行相关标准的规定；⑤七种室内装修材料的有害物质含量不超过国家现行相关标准的规定；⑥五种室内环境污染物含量不超过国家现行相关标准的规定。上述 6 个评定子项必须全部满足要求，才有可能评为 A 级住宅。

1.2　影响住宅安全性能的主要问题举例

（1）场地的地震安全性问题[3]

目前在新区开发和旧城改造中，一般的住宅建设项目规模都很大，建筑面积从几万平方米到几十万平方米，甚至上百万平方米，占地规模可以从几公顷、十几公顷、几十公顷到若干平方公里，投资规模很大。所以，建筑场地的选择是非常重要的，应对场地地震安全性进行评价。否则当发生地震时，将引发工程事故，其教训是深刻的。例如：1976 年的唐山地震、1999 年台湾南投地震和 1999 年土耳其伊兹米特地震，都是属于构造性的地震，这些城市由于建设在活动断层上，让人类付出了惨痛的教训。而中国的唐山地震及1964 年日本新泻地震，所发生的砂土地基液化，引起成片的房屋缓慢倾斜，给建筑物上部结构带来的破坏是严重的，震后修复加固很困难，有时甚至是不可能的。地震后调查资料表明，在具有不同工程地质条件的场地上，建筑物在地震中的破坏程度有明显的不同。而影响住宅建筑震害和地震动参数的场地因素又很多，其中包括局部地形、发震断裂带的存在、覆盖层厚度及建筑物下面多层土状况等，影响的方式也各不相同。在选择建筑场地时，应根据所掌握的场地岩土工程勘察资料，其对场地有利、不利和危险地段的划分，进行分析和判断。以下各点可供参考。

1）对于软弱场地上应进一步查明其下部土层的构成。当有不同的软弱夹层时，在土层剖面下部具有低剪切波速的软弱层，对某些轻型建筑可能有减震作用。但对于大震级（一般来讲，$M > 7.0$ 级）远震中距（通常 $R > 100$km）的地震影响，厚冲积层上的高层建筑，尚应考虑共振效应问题，这时软夹层就不一定具有减震作用了。

2）对条状突出的山嘴、高耸孤立的山丘、非岩石的陡坡、河岸及边坡边缘等不利地段建造住宅建筑时，除应保证其在地震作用下的稳定性外，尚应按现行国家标准《建筑抗震设计规范》GB 50011 规定，将地震影响系数最大值乘以增大系数。

3）对于可液化土，应查明其层厚、埋藏的深浅、地下水位深度以及表层覆盖的厚度，以便根据《建筑抗震设计规范》的规定，进行液化判别，并根据住宅建筑的抗震设防类别，地基的液化等级，结合具体情况采取相应的措施。

4）在岩溶地段常发育有溶洞，当这些洞穴在近地表处或埋深不大时，地震可使顶板破碎塌落形成陷坑。在厚层黄土分布地区，地面以下也常有隐伏的洞穴，地震时由于洞顶黄土坍陷也易造成陷坑、陷穴。对这种可能情况，应做特别的勘察，以判断其确切位置和危害程度。

5）滑坡应区分岩体和土层两种不同情况，然后结合当地的基本烈度作出判断。一般土体滑坡在 6 度以上就有可能发生，8 度以上地震时规模可能比较大。基岩滑坡的危险性与地震动强度和岩石的倾向、倾角、破碎风化程度和节理面结合条件等因素均有关，当岩层倾向与岩石临空面的倾斜方向一致时易造成崩塌。

6）对于填土应探明其成因、年代和物理力学特征。当回填时间较长压密较好时，可建中低层房屋。杂填土系由垃圾土和杂物回填而成，其特点是成分严重不均匀，地震时易于使建筑物造成较大的震害。

7）当场地内存在发震断裂时，应对断裂的工程影响进行评价，并按《建筑抗震设计规范》要求，将住宅小区的建设避开主断裂带。

有关场地的勘察要求如下：

场地地质勘察工作，除应按现行国家标准《岩土工程勘察规范》GB 50021 执行外，尚应满足下列要求：

1）勘察报告应提出建筑所在的地段为有利，不利或危险的判别和场地类别，对液化地基应提供有关液化判别、液化指数、液化等级的数据。

2）提供岩土地震稳定性（如发震断裂、滑坡、崩塌、泥石流等）的评价。

3）对软弱黏性土场地应提供地基震陷的评估。

4）对严重不均匀地基应详细查明地质、地形、地貌（包括暗藏的）情况，并提出评价和建议。

　　5) 需要采用时程分析法补充计算的建筑物, 尚应根据设计要求提供有关土的动力参数和场地覆盖层厚度。

　　6) 对于个别特殊重要的建筑, 需要考虑从基盘输入地震波计算地面加速度时程时, 应提供下列资料:

　　① 基岩性质——土或岩石;

　　② 基岩至地面的距离;

　　③ 覆盖层内各土层动三轴试验结果;

　　动剪变模量-动应变关系曲线;

　　阻尼-动应变关系曲线;

　　④ 基岩及各土层的实测剪切波速值。

　　(2) 高层住宅的消防安全设计[4]

　　由于高层建筑的体量和高度均很大, 往往使地面上消防车辆的升高云梯或液压平台不能达到建筑物的高度, 因而不能用地勤消防车辆从建筑物的外部来救人或灭火, 只能靠高层建筑自身自救, 利用建筑物内部楼梯和升降机疏散, 有的采用直升飞机疏散。消防人员也可利用楼梯和升降机去救人, 或运输必要的消防器材和消防用水去灭火。这说明高层建筑的防火要求同一般多层或单层建筑大不相同。历年来国内外出现过多次高层建筑失火的惨痛教训。根据美国对 250 次严重火灾进行的调查, 发现 80％的火灾发生在旅馆和居住建筑中; 日本统计的建筑火灾, 约有一半是发生在居住建筑中。这充分说明, 高层住宅中的消防安全设计是十分重要的。

　　为高层建筑消防安全设计的消防设备和措施可分为预防性、被动性和主动性三类。加强防火和消防知识的教育, 加强易燃物的储存管理, 及时检查和维修各类易燃的设备等, 属于预防性措施; 设计防火门、防火隔墙和设置避难层等都属于被动性措施, 因为这些措施都不能主动去扑救火灾; 采用水枪、水带、自动喷水灭火系统等, 属于主动性措施。一套完整的消防安全措施包括两方面: 火灾发生前的积极预防和火灾发生后的有效扑救措施。

　　高层建筑的消防安全防火设计应着重考虑以下几方面问题: 总体布局要保证方便直接的交通联系, 处理好主体和附体部分的关系, 保证与其他各类建筑物的防火间距, 合理安排广场、空间及绿化, 并提供消防车能顺利接近高层建筑的良好条件; 在构造设计上要使建筑的基本构件墙、柱、梁、楼板具有足够的耐火极限, 以保证发生火灾时结构的耐火支持能力, 这一点对钢结构格外重要; 尽量选择不燃或难燃的室内装修材料, 以减少火灾的发生和降低蔓延速度; 以及按《高层民用建筑设计防火规范》GB 50045 进行消防安全设计。另外, 还应设置消防控制中心, 以控制和指挥报警、灭火、排烟系统及特殊防火设施等。

　　此外, 我国公安部会同有关部门共同修订编制的国家标准《汽车库、修车库、停车库设计防火规范》GB 50067—97 为我国汽车库建设的建筑防火提供了依据。其内容除了适用于高层民用建筑所属的汽车库, 还包括人防地下车库等, 这是因为该规范考虑到目前国内新建的人防地下车库，基本上都是平战两用的汽车库，这类车库除了应满足战时防护的要求，其他均与一般汽车库的要求一样。故在新建与高层住宅或居住小区相配套的汽车库时，均应按照该规范对车库建筑防火设计的基本原则和各项规定执行，并结合车库的实际情况，积极采用先进的防火与灭火技术，做到确保安全、方便使用、技术先进、经济合理。

（3）电梯[5]

电梯设备是住宅建筑，特别是高层建筑的主要垂直运输设备。电梯的安全使用也非常重要，电梯不能正常工作，轻则给用户带来不得不步行上楼的劳累，重则会造成人员伤亡的恶性事故。

电梯是由提升曳引系统、引导系统、安全装置和电气系统组成的机电成套设备，其提升重量、速度、轿厢尺寸等均应标准化，以便于建筑物的设计和施工。为了保证电梯运行安全，普通曳引式标准电梯应有以下安全设施：

1）超速保护装置；

2）撞底缓冲装置；

3）超过上、下极限位置时，切断控制电路的装置；交流电梯还设有切断主电路电源的装置；直流电梯在井道上、下端站前，有强迫减速装置；

4）对三相交流电源设有断相保护装置；

5）应设有厅门锁与轿门电气联锁装置；

6）电梯因中途停电或电气设备及系统有故障，不能运行时，设有轿厢慢速移动装置。

此外，应增强对电梯的维修保养，对任何可能引发事故的隐患，应及时排除。

（4）施工质量是住宅安全的保证[6]

住宅项目施工是变设计图纸为住宅工程实体的过程，也是形成最终住宅产品的重要阶段。所以，保证施工阶段的质量是重点，质量也是与住宅安全息息相关的大事。质量要靠好的施工管理和质量控制来实现。

住宅施工阶段的质量控制是一个系统控制过程，由对原材料的质量控制开始，以对完成工程做质量检验结束。其控制过程可分为质量的事前控制、事中控制和事后控制。

1）质量的事前控制

① 掌握和熟悉质量控制技术依据。

② 审查总承包单位及分包单位的资质。

③ 审查施工单位提交的施工组织设计或施工方案。

④ 工程所需原材料、半成品的质量控制。

⑤ 施工机械的质量控制。

⑥ 建立和完善质量保证体系。

⑦ 完善质量管理制度。

⑧ 组织设计交底和图纸会审。

⑨ 开工的控制。

2）质量的事中控制

① 建立和完善工序控制体系。

② 工序交接检查。

③ 工程变更的处理。

④ 处理好工程质量事故。

⑤ 给予监理工程师必要的授权(如有权指令施工单位停工整改等)。

⑥ 组织现场质量协调会。

⑦ 坚持记录好质量监理日记。

⑧ 定期和不定期向总监理工程师和业主报告有关质量动态情况。

3) 质量的事后控制

① 按规定的质量评定标准和办法,对完成的分项、分部工程、单位工程进行检查验收。

② 项目竣工验收。

③ 审核承包单位提交的竣工资料和竣工图。

④ 整理工程项目技术文件资料,并编目、建档。

多年的住宅施工和房地产开发实践证明,优等的住宅产品质量是非常重要的,这在达到方便用户使用,保障人民的财产和生命安全的同时,也是提高经济效益的杠杆和反映一个国家科技水平的标志。

1.3 相关推广应用技术介绍

(1) 钢结构住宅[7]

为发展钢结构住宅,建设部评审通过了三批共 36 项钢结构住宅科研项目立项,并确定完成了第一个建设部钢结构住宅产业化科技示范工程。同时全国各地也相继建成了一批钢结构住宅试点工程。这些项目的建成及钢结构住宅的开发研究,积累了宝贵的工程经验。目前已形成多层钢框架-混凝土核心筒(剪力墙)体系,钢管混凝土柱框架-核心筒结构体系,低层轻钢龙骨结构住宅体系等钢结构住宅设计与施工成套体系。

近年来,钢结构已在北京亦庄"青年公寓"、北京水利基础总队住宅、北京金融街 12 层金宸公寓、西三旗住宅楼、天津市丽苑小区住宅、上海中福城项目、新疆库尔勒 8 层住宅、长沙远大的集成住宅、马鞍山钢铁公司建造的 18 层住宅楼及莱钢建造的一批住宅楼等很多项住宅工程获得应用。钢结构在住宅建筑中应用具有的经济社会效益如下:1)和传统的结构相比,可以更好地满足建筑设计对大开间、空间布局灵活的要求,且增加使用面积 5%～8%;2)钢结构体系轻质高强,可减轻建筑结构自重约 30%,大大降低基础的造价;3)有利于工业化配套生产,具有安装方便建造速度快的优点,施工周期短,可以提高资金的投资效益;4)与钢结构配套的轻质墙板、复合楼板等新型材料得以发展,符合建筑节能和环保的要求,可以达到节能 50%的目标;5)钢材是一种高强度、高性能的绿色环保材料,可再生利用;6)钢结构住宅体系直接造价略高,但综合效益明显高于传统的住宅体系。钢结构的弱点则表现在防火性能较差,需做防锈处理,并需要进一步解决与钢结构住宅相配套的墙体、楼板等材料问题。

（2）隔震和消能减震[8~9]

近些年建筑科技在基础和上部结构隔震减震技术方面的进步很快，隔震设计主要指在房屋底部设置由橡胶隔震支座和阻尼器等部件组成的隔震层，以延长整个结构体系的自振周期、增大阻尼，减少输入上部结构的地震能量，达到预期的防震要求，隔震一般可使结构的水平地震加速度反应降低60％左右（图7-1）；消能减震设计是指在房屋结构中设置消能装置，通过其局部变形提供附加阻尼，以消耗输入上部结构的地震能量，达到预期的防震要求。

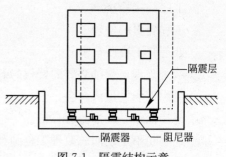

图 7-1　隔震结构示意

橡胶隔震器由多层橡胶和钢板相互重叠而成。在施加竖向荷载时，由于橡胶受到钢板的约束，不会产生很大的横向变形，即在竖向具有很强的抗压能力，而对于水平方向的作用力，橡胶的剪力刚度很小，具有很大的变形能力，可增大建筑物与基础的相对位移以及建筑物的自振周期。多层橡胶隔震器的直径、层数、每层橡胶的厚度可以任意变化，以适应不同建筑物的需要。阻尼器可以利用摩擦力、金属的塑性变形或黏滞材料制作，有很多种形式。与抗震结构相比，隔震结构具有以下优点：

1）提高了地震时结构的安全性；

2）设计自由度增大；

3）防止内部物品振动、移动、翻倒引起的次生伤害；

4）防止非结构构件的破损；

5）抑制振动时的不适感；

6）可以保持机械、器具的功能。

消能部件由消能器及斜撑、墙体、梁或节点等支承构件组成。消能器与支承构件的连接构造应能承担消能器施加给连接节点的最大作用力。消能器的种类很多，金属屈服消能器和摩擦消能器属于位移相关型消能器，当位移达到预定的起动限才能发挥消能作用；黏滞消能器和粘弹性消能器属于速度相关型消能器，选用根据结构布置及受力特点，进行阻尼器参数、布置位置及数量的设计。他们都能使地震能量转化为结构中的热量而部分消失。由于消能装置不改变结构的基本形式，除消能部件和相关部件外，消能减震房屋的结构设计、抗震构造，与普通房屋相比不降低，其抗震安全性可有明显的提高。

隔震支座、阻尼器和消能减震部件在长期使用过程中需要检查和维护，故其安装位置应便于维护人员接近和操作。隔震、消能设计已在北京、江苏、广东、大理、西安、西昌等省市的多项工程中获得应用。

（3）预应力混凝土结构[10]

预应力混凝土结构构件一般是通过张拉预应力筋的回弹压缩，使混凝土截面受到某种量值与分布的内压力，以局部或全部抵消使用荷载应力，在被张拉的预应力筋中则存在预应力。因此，预应力是为改善结构构件的裂缝和变形性能，在使用前预先施加的永久性内应力，且钢材中拉应力与混凝土中的压应力组成一个自平衡系统。

预应力混凝土的主要优点是节约材料。预应力混凝土使用的高强钢材的抗拉强度约为普通钢筋的四倍，但一般来说价格则不到普通钢筋的四倍。因此，预应力钢材是更经济的材料。高强钢材还通过张拉操作使混凝土构件截面产生预压应力，以克服混凝土抗拉强度低，容易发生裂缝的不足。由于消除了使用荷载下形成的多数裂缝，预加应力能大为改善混凝土构件的耐久性。因为预应力产生与荷载反向的挠度，在控制混凝土构件的挠度方面也是很有效的。与同样尺寸的非预应力构件相比，预应力使总挠度显著减小。这允许设计人员在预应力构件中采用相对大的跨高比，约可比非预应力混凝土构件的跨度大 30%～40%以上。因此，采用预应力混凝土是改善结构使用功能，节约钢材和能源，提高综合经济效益的重要措施。

预应力混凝土在住宅建筑中，多用于建造预应力混凝土梁和楼盖结构，可加大建筑开间、降低层高、降少混凝土用量和结构总重量。其设计步骤为：1)确定混凝土构件的尺寸；2)确定预应力筋在结构构件截面中的布置方案和预加力值；3)验算关键截面的应力状态及构件的长期挠度，复核构件在使用阶段的性能；4)由地震作用产生的内力，截面配筋不足的部分应采用非预应力普通钢筋补足；5)计算结构构件的受弯承载力和受剪承载力等，复核构件的承载能力。无粘结预应力混凝土楼盖构件的跨高比列在表 7-1 中，以供参考。

无粘结预应力混凝土楼盖构件的跨高比选用范围 表 7-1

构 件 类 别		连 续 跨	简 支 跨
单向实心板		40～45	35～40
柱支承双向板	无 托 板	40～45	—
	带平托板	45～50	—
周边支承双向板		45～50	40～45
柱支承双向密肋板		30～35	—
框 架 梁		15～22	12～18
次 梁		20～25	16～20
扁 梁		20～25	18～22
井 字 梁		20～25	

（4）淘汰实心黏土砖，发展建筑块材[5]

我国是世界上最大的砖砌体建筑大国，每年生产 7000 多亿块砖。生产砖的代价是每年毁农田 15 万亩，消耗标准煤约 7000 万吨。国家规定从 2003 年下半年起，沿海地区和土地资源稀缺地区的大中城市，禁止在住宅建设中使用实心黏土砖，其余地区也将逐步淘汰实心黏土砖。因此，必须发展新型墙体材料，代替实心黏土砖。

建筑块材包括建筑砌块和新型砖。建筑砌块是我国新型墙体材料的一个重要门类，主要有普通混凝土砌块，轻骨料混凝土砌块及硅酸盐砌块，有十多个品种；各种新型砖也有较快的发展，有新型烧结砖和非黏土蒸养砖两类，也有十多个品种。

建筑块材具有以下优点：不用粘土，可保护耕田；采用砂、石等地方材料，成本低廉；大量消耗工业废渣，具有显著的环境效益；空心砌块及空心砖既具有传统的砖混结构施工时的可上下错茬，适应性强的优点，又具有轻质高强多功能的新特点，比黏土实心砖砌体节能 3/4~2/3；小型砌块可人工砌筑，功效远高于黏土砖，中型砌块可用台灵吊等小型机具，功效成倍提高，而劳动强度低。

在建设部示范工程的影响下，我国已有一大批新型墙体材料得到普遍推广应用，同时也带动了新型墙体材料的开发、生产与推广应用。如镇江地区的混凝土砌块、济南地区黄河淤泥砖、南京地区 ALC 墙板和砌块、上海地区伊通砌块等。

第二节　关于建筑结构安全的子项解析

2.1　结构安全性能评定分项的设置

现行国家标准《建筑结构可靠度设计统一标准》GB 50068 对结构安全性规定，结构在规定的设计使用年限内应满足：在正常施工和正常使用时，能承受可能出现的各种作用；在设计规定的偶然事件发生时及发生后，仍能保持必需的整体稳定性。为了保证住宅性能评定工作的正确性，避免已评上 A 级的住宅发生安全事故或因存在质量隐患在后期发生安全事故，故在结构安全性能评定项目中，设置工程质量、地基基础、荷载等级、抗震设防和外观质量五个分项进行评定。

住宅性能按照评定得分划分为 A、B 两个级别，其中 A 级住宅为执行了现行国家标准且性能好的住宅；B 级住宅为执行了现行国家强制性标准但性能达不到 A 级的住宅。A 级住宅又按照得分由低到高分为 1A、2A、3A 三等。在住宅性能评定中，对 A 级住宅必须达到的基本结构安全标准，1A、2A、3A 住宅要求是一样的。

2.2　设计与施工管理程序

我国工程建设中出现质量事故，很多是由于不按基本建设程序办事造成的。因此，在评定中首先应审阅设计、施工程序是否符合国家相关文件规定，在住宅工程开工前应经过工程所在地县级以上政府主管部门的审批，领取施工许可证；从事建筑活动的勘察单位、设计单位、施工企业和工程监理单位应当具有相应的资质；且经有关部门批准的工程项目文件和设计文件齐全，参建单位的资质应与工程的复杂程度相符；工程开工前必须上报当地的质量监督部门，接受政府对工程质量的监督。

施工质量与建筑材料质量，结构施工的项目管理、施工监理、质量验收等有关。施工质量应经过验收合格，并在质量监督部门备案。

在住宅性能评定中，申报单位应提供的施工验收文件和记录如下：

（1）地基与基础工程隐蔽验收记录：基础挖土验槽记录，地基勘测报告及地基土承载力复查记录，各类基础填埋前隐蔽验收记录。

（2）主体结构工程隐蔽验收记录：砌体内配筋隐蔽验收记录，沉降、伸缩、防震缝隐蔽验收记录，砌体内构造柱、圈梁隐蔽验收记录，主体承重结构钢筋、钢结构隐蔽验收记录。

（3）主要建筑材料质量保证资料：钢材出厂合格证及试验报告，焊接试（检）验报告，水泥出厂合格证及试验报告，墙体材料出厂合格证及试验报告，构件出厂合格证及试验报告，混凝土及砂浆试验报告。

2.3 满足相关设计、施工规范要求

为保证住宅建筑的安全，其设计与施工应符合相关规范的规定，对列入《工程建设标准强制性条文》（房屋建筑部分）（2002年版）的相关强制性条文都必须严格执行。

地基承载力的评定以有关部门出具的勘探报告为依据，并考察设计与地质勘察提供的内容是否相符或实际采用的持力层是否合理、安全，对地基变形计算及稳定计算等满足有关设计规范的要求，评定工作主要对已经过主管部门审核、批准的有关资料基本认可，仅对重点或可疑项目进行抽查，如现场查看建筑是否存在基础沉降或超长等问题及由此产生的裂缝。对处于湿陷性黄土地区的住宅，尚应评定在设计中是否采取有效措施，防止管道渗漏，以免造成地基沉陷问题。

在现行国家标准《建筑结构荷载规范》GB 50009中，已将楼面活荷载的取值从原1.5kN/m^{2}提高为2.0kN/m^2。由于规范规定的活荷载值是最小值，且从长远考虑民用建筑的楼面活荷载宜留有一定的裕度，故在住宅性能评定中，对有的住宅设计将楼面和屋面活荷载比规范规定值高出25%进行设计，可给予较高得分。此外，楼面荷载还包括公共走廊、门厅、阳台及消防疏散楼梯等的荷载取值。我国幅员广大，在南方风荷载是住宅建筑结构的主要荷载之一，但在北方雪荷载是住宅屋面结构的主要荷载之一。是否合理确定上述荷载的大小及其分布将直接影响住宅结构的安全性能和经济性能。本标准鼓励对风荷载、雪荷载进行研究，如对住宅建筑群在风洞试验的基础上进行设计，对本地区冬季积雪情况不稳定开展研究。也可根据现行国家标准《建筑结构荷载规范》GB 50009附录D合理采用重现期为70年或100年的最大风压或雪压，以提升住宅结构防风或防雪灾的安全性，取70年将与目前我国土地出让期为70年相呼应。由于我国的住宅建筑在北方冬季受雪荷载的问题突出，在南方夏季受风荷载突出，故在住宅性能评定中，除了满足设计规范要求，若在风荷载或雪荷载取值中有其一采用高于规范规定值时，即可给予较高分值。

对上部结构梁、板、柱及墙等构件的承载力计算和梁、板的挠度、裂缝验算，阳台、雨篷及挑檐等悬挑构件的抗倾覆验算，整体结构的抗震验算，以及上部结构的构造规定及抗震结构措施等原则上对经过有资质审图单位出具的证明基本认可，仅对重点或可疑项目进行抽查。

当施工与设计不符，设计有重大修改时，开发公司应提供工程地质勘察报告；工程竣工图及设计变更通知单等资料，以便查验。

2.4 住宅建筑应重视抗震设防

我国是一个多地震的国家，大约80%的国土面积需要进行抗震设防。新开发的住宅建筑，其结构体系应具有明确的计算简图和合理的传递地震力的途径，还要有多道抗震防线。让结构在两个主轴方向的动力学特征相近，将使其具有良好的抗震性能，这是减轻地

震灾害最直接有效的手段，对全面提高我国城乡的抗震防灾能力非常重要。在建筑结构抗震设计中，除了直接对整体结构进行抗震验算，并给出抗震结构措施外，尚应重视概念设计，审视2002年版新修订的国家标准《建筑抗震设计规范》GB 50011，在52条强制性条文中，就有很多条是关于抗震概念设计的，说明其对提高建筑工程的抗震能力是十分重要的。

抗震设计的评定主要审阅经过主管部门审核、批准的有关资料，进行认可；审查抗震设防烈度、结构体系与体型、整体结构的抗震验算、结构材料和抗震措施是否符合现行国家标准《建筑抗震设计规范》GB 50011 的规定，含基础构造规定和抗震构造措施，上部结构的构造规定及抗震构造措施，例如：多层砖混结构设置现浇钢筋混凝土圈梁和构造柱的抗震构造措施，多层砌块房屋设置钢筋混凝土芯柱的抗震构造措施，以及底部框架抗震墙房屋的抗震构造措施等，应严格按照国家标准《建筑抗震设计规范》GB 50011 执行。对抗震设防8度以上的地区，要重点审查地基抗震验算。

在住宅性能评定中，也鼓励在住宅建设中采用抗震性能更好的结构体系类型及技术。近些年建筑科技在基础和上部结构隔震减震技术方面的进步很快，在硬件方面开发有多种叠层橡胶支座和阻尼器，质量也在不断提高，建设部已颁布了《建筑隔震橡胶支座》JG 118产品标准。国家标准《建筑抗震设计规范》GB 50011 已新增一章"隔震与消能减震设计"，列出了房屋隔震设计要点和房屋消能减震设计要点。同时符合规范要求的隔震建筑分析软件也已在国内投入使用。这种将隔震、消能设计与传统抗震设计结合起来，提高建筑抗震的综合能力更有利于保证抗震的结构安全。

2.5　常见裂缝的成因与防治

对预制板、现浇梁、板、柱，应根据施工验收文件检查其尺寸是否与设计相符；是否存在由于施工等原因产生的裂缝，如基础沉降、温度、收缩及建筑超长等引起的裂缝，以及外观质量；对梁、板尚应检查挠度是否与设计相符，并满足设计规范要求。

在商品房的交易中，目前在墙体、楼地面或屋面板中发现裂缝，是常遇到的质量问题。在砌体结构和混凝土结构中常见裂缝有以下几种类型：(1)干缩裂缝，是在混凝土或抹灰层硬化过程中，由于失水干燥引起体积收缩变形，当其受到约束时产生的裂缝。(2)收缩、温度裂缝，是当混凝土构件或砌体结构在约束的条件下，由于混凝土的体积收缩、外界温度变化，造成结构构件相互之间收缩和温度变形不协调，产生的收缩和温度应力超过混凝土或砌体抗拉强度限值时，将产生收缩温度裂缝。(3)水化热裂缝，一般发生在建筑超长或大体积混凝土中，由于混凝土水化热很高，施工过程中养护措施失当，且有可能存在约束，故产生这类裂缝。(4)冻融裂缝，一般发生在寒冷或严寒地区，当冬季天寒停建时混凝土受潮和受冻造成的裂缝，并在裂缝附近混凝土或砌体发生酥松、剥落。(5)地基沉陷裂缝，是在湿陷性黄土、冻胀土、盐渍土及软弱土等场地，当地基处理不满足规范要求时，会产生这种裂缝，地基沉陷裂缝多为斜向裂缝。(6)应力集中裂缝，这类裂缝多发生在门窗洞口、混凝土大梁下部的墙体上和结构刚度突变处。其裂缝亦多为斜向，少部分呈水平和竖直方向裂缝。

由于温度、收缩等原因引起的变形属于非荷载作用效应，当变形裂缝发生后，结构中的应力就释放掉了。对于这类非受力裂缝，一般说来对结构的安全性能影响不大，但是裂缝在观感上是用户不能接受的，且对住宅建筑结构的长期耐久性是不利的。故应从结构设计，材料、配合比及施工方面采取综合措施来控制裂缝，必要时应对结构中出现的裂缝进行修复处理。[11]

第三节　关于建筑防火的子项解析

3.1　审批文件

商品住宅的消防设计必须经过消防主管部门的审批，并通过竣工验收审批。具备上述批准文件，才可以在住宅性能终审进行防火安全定量化评定。此外，在审批文件中提出的问题，解决措施的执行情况等也是评定中需要重视的方面。评定建筑防火的主要依据是现行国家标准《建筑设计防火规范》GBJ 16—87（2001 年版）和《高层民用建筑设计防火规范》GB 50045—95（2005 年版）。

3.2　建筑耐火等级

建筑物的耐火等级是由其主要建筑构件的燃烧性能和耐火极限值确定的。其中低层、多层建筑分为四个耐火等级，高层建筑分为两个耐火等级。在符合上述两本防火设计规范的基础上，住宅防火安全性能对耐火等级的评定，要求高层住宅不低于一级，多层住宅不低于二级，低层住宅不低于三级，评给 15 分；若高层住宅不低于二级，多层住宅不低于三级，低层住宅不低于四级，评给 12 分。通过审阅设计资料和现场检查的方法评定住宅各类构件实际达到的耐火度。只有当建筑物的构件均等于或大于该耐火等级的规范要求值时，被评定的耐火等级才是成立的。现行国家标准《住宅建筑规范》GB 50368 中有关住宅建筑构件的燃烧性能和耐火极限（h）的规定见表 7-2。

住宅建筑构件的燃烧性能和耐火极限（h）　　　　表 7-2

构件名称		耐火等级			
		一级	二级	三级	四级
墙	防火墙	不然性 3.00	不燃性 3.00	不燃性 3.00	不燃性 3.00
	非承重外墙、疏散走道两侧的隔墙	不燃性 1.00	不燃性 1.00	不燃性 0.75	难燃性 0.75
	楼梯间的墙、电梯井的墙、住宅单元之间的墙、住宅分户墙、承重墙	不燃性 2.00	不燃性 2.00	不燃性 1.50	难燃性 1.00
	房间隔墙	不燃性 0.75	不燃性 0.50	难燃性 0.50	难燃性 0.25

构 件 名 称	耐 火 等 级			
	一 级	二 级	三 级	四 级
柱	不燃性 3.00	不燃性 2.50	不燃性 2.00	难燃性 1.00
梁	不燃性 2.00	不燃性 1.50	不燃性 1.00	难燃性 1.00
楼 板	不燃性 1.50	不燃性 1.00	不燃性 0.75	难燃性 0.50
屋顶承重构件	不燃性 1.50	不燃性 1.00	难燃性 0.50	难燃性 0.25
疏 散 楼 梯	不燃性 1.50	不燃性 1.00	不燃性 0.75	难燃性 0.50

注：表中外墙指除外保温层外的主体构件。

评定的重点如下：

(1) 高层住宅：对主要建筑构件进行全面检查。

(2) 多层砖混住宅的室内轻质隔墙，多层框架结构住宅的自承重隔墙。

(3) 采用新型建材或新型墙体者必须提供材料及墙体的燃烧性能等级及耐火极限的检测报告。

3.3 灭火与报警系统

为了保证住宅建筑着火后能够被早期发现和被施于有效的灭火救助，所以要求住宅建筑必须设有室外消火栓给水系统和便于消防车靠近的消防道路。消防车道的宽度不应小于3.50m，对高层建筑要求4.00m。消防车道距离高层建筑外墙宜大于5.00m，消防车道上空4.00m以下范围内不应有障碍物。消防车道与住宅建筑之间，不应设置妨碍登高消防车操作的树木、架空管线等，对建有裙房的高层住宅应注意可能存在消防登高作业面不能满足要求的问题。关于住宅建筑与相邻民用建筑之间防火间距的要求，应按现行国家标准《住宅建筑规范》GB 50368执行，见表7-3。当建筑相邻外墙采取必要的防火措施后，其防火间距可适当减少或贴邻。对住宅而言，只有超过六层的建筑，规范才开始要求设室内消防给水。如塔式、通廊式住宅7层以上，单元组合式住宅8层及以上，底层为商业网点的住宅，应设室内的消火栓。普通住宅设消防给水系统，应设置消防水池、消防水泵房、高位消防水箱及消火栓。为确保安全可靠，尚应设置消防专用电源供应水泵动力。评定要根据相应规范要求检验消防竖管的位置和数量以及消火栓箱的辨认标识。一般只有在高档的高层住宅中，规范才要求设置自动报警系统与自动喷水灭火装置，执行本条时，只要被评定的住宅设有自动报警系统并且质量合格，就应给予相应的分值。对6层及6层以下的住宅，无火灾自动报警与自动喷水要求。

建 筑 类 别			10 层及 10 层以上住宅或其他高层民用建筑		10 层以下住宅或其他非高层民用建筑		
			高层建筑	裙 房	耐 火 等 级		
					一、二级	三 级	四 级
10 层以下住宅	耐火等级	一、二级	9	6	6	7	9
		三 级	11	7	7	8	10
		四 级	14	9	9	10	12
10 层及 10 层以上住宅			13	9	9	11	14

按现行国家标准《建筑灭火器配置设计规范》GB 50140 的规定，对高级住宅，10 层及 10 层以上的普通住宅，尚有配置建筑灭火器的要求。

3.4 防火门(窗)的设置及功能要求

根据《高层民用建筑设计防火规范》的要求，"防火门、防火窗应划分为甲、乙、丙三级，其耐火极限：甲级应为 1.20h；乙级应为 0.90h；丙级应为 0.60h"。所设置防火门、防火窗的耐火极限应与住宅建筑的耐火等级相匹配。此外，"防火门应为向疏散方向开启的平开门，并在关闭后应能从任何一侧手动开启。用于疏散的走道、楼梯间和前室的防火门，应具有自行关闭的功能。双扇和多扇防火门，还应具有自行关闭和信号反馈的功能。设在变形缝附近的防火门，应设在楼层数较多的一侧，且门开启后不应跨越变形缝"。

3.5 安全疏散设施

住宅安全疏散是为了在火灾发生的初期，建筑物中的人员能在短期内撤离火场的措施。

防火分区是为防止局部火灾迅速扩大蔓延的一项防火措施，防火规范对各类民用建筑防火分区的允许最大建筑面积等有具体规定。考虑到住宅设计在平面布置上的特点，各楼层的建筑面积一般不会很大，这样就使得对住宅建筑进行防火分区的划分意义不大了。按照现行国家标准《住宅建筑规范》GB 50368 的做法，本评定标准亦不对住宅建筑的防火分区进行评定，但根据上述国家标准的规定按安全出口(楼层为楼梯间)的数量控制每个住宅单元的面积，要求住宅建筑应根据建筑的耐火等级、建筑层数、建筑面积、疏散距离等因素设置安全出口，并应符合下列要求：

（1）10 层以下的住宅建筑，当住宅单元任一层建筑面积大于 650m²，或任一住户的户门至安全出口的距离大于 15m 时，该住宅单元每层安全出口不应少于 2 个；

（2）10 层及 10 层以上但不超过 18 层的住宅建筑，当住宅单元任一层建筑面积大于 650m²，或任一住户的户门至安全出口的距离大于 10m 时，该住宅单元每层安全出口不应少于 2 个；

（3）19 层及 19 层以上住宅建筑，每个住宅单元每层安全出口不应少于 2 个；

（4）安全出口应分散布置，两个安全出口之间的距离不应小于 5m；

（5）楼梯间及前室的门应向疏散方向开启；安装有门禁系统的住宅，应保证住宅直通室外的门在任何时候能从内部徒手开启。

此外，任一层有 2 个及 2 个以上安全出口的住宅单元，户门至最近安全出口的距离应根据建筑耐火等级、楼梯间形式和疏散方式按防火规范确定。高层建筑内走道的净宽，应按通过人数每 100 人不小于 1.00m 计算，高层建筑首层疏散外门的总宽度，应按人数最多的一层每 100 人不小于 1.00m 计算。首层疏散外门和走道的净宽分别不应小于 1.10m 和 1.20m（单面布房）或 1.30（双面布房）。通廊式住宅及内走廊式较长的多户型塔式住宅可能出现户门到楼梯间疏散距离超长的问题。大户型住宅，尤其是跃层式大户型可能出现户内最远点到户门的疏散距离超长的问题。

住宅建筑的安全疏散还体现在垂直方向，因此要求疏散楼梯、消防电梯必须满足规范有关数量和宽度的要求。在上述《高层民用建筑设计防火规范》中，对高层塔式住宅，12 层及 12 层以上的单元式住宅和通廊式住宅有设置消防电梯的规定，对台数、载重量、前室、井道及机房，在《高层民用建筑设计防火规范》中均有详细规定。为了保证疏散楼梯的辨识与通畅，还应审查火灾应急照明和灯光疏散指示标识。此外，防烟楼梯间的防排烟设计及塔式或通廊式住宅的走廊排烟设计也很重要。目前国家规范对住宅尚未提出设置自救逃生装置的要求。本评定子项从发展的角度，提出了该项评估内容，将有助于火灾中人员的逃生。

第四节　关于燃气及电气设备安全的子项解析

4.1　燃气系统的安全性

燃气系统安全性评定所依据的国家现行标准为《城镇燃气设计规范》GB 50028 和《城镇燃气室内工程施工及验收规范》CJJ94。

燃气器具本身的质量是保证燃气使用安全和使用功能的物质基础，因此首先要确保产品质量，产品必须由国家认证批准的具有生产资质的厂家生产，而且每台设备应有质量检验合格证、检验合格标示牌、产品性能规格说明书、产品使用说明书等必须具备的文件资料。此外，燃气器具应具有使燃气充分燃烧的质量保证，燃气器具的类型应适应安装场所供气的品种。

燃气泄露涉及燃气管道及阀门的气密性，这与管道及阀门的质量有关，且在安装施工过程中应对管道及阀门的气密性进行严格的检测，只有当两者的质量均符合要求时才能达到管道及阀门的使用安全。居民生活用燃气管道的安装位置及燃气设备安装场所尚应符合现行国家标准 GB 50028 有关条款的要求。

在燃气燃烧过程中由于多种原因（如沸腾溢水、风吹）造成熄火，熄火后如不及时关闭气阀，燃气就会大量散出从而造成中毒或爆炸事故。燃气器具应配备具有熄火保护自动关闭阀门装置，以防止上述事故的发生，提高使用燃气的安全性。

当安装燃气设备的房间因燃气泄漏达到燃气报警浓度时，燃气浓度报警器报警并自动关闭总进气阀，同时启动排风设备排风。这要求该设备既可以中止燃气泄漏又能将已泄漏的燃气排到室外，从而防止发生中毒和爆炸事故。由于对设备的要求高，增加的投资亦多，如果设备的质量得不到保证，反而会增加危险。因此本标准中没有列入"连锁关闭进气阀并启动排风设备"的要求。但要求安装燃气设备的房间设置燃气浓度报警器。

燃气设备安装应由具备相应资质的专业施工单位承担，安装完成后应按施工图纸要求和现行行业标准 CJJ 94 进行质量检查和验收。验收合格后才能交付使用。

安装燃气设备的厨房、卫生间应有泄爆面，万一发生爆炸可以首先破开泄爆面，释放爆炸压力，保护承重结构不受破坏，从而防止倒塌事故。为保护承重结构不受破坏，尚可采取现浇楼板、构造柱及其他增强结构整体稳定性的构造措施等。

4.2 供电线路的安全性

电气设备安全的评定包括电气设备及材料、配电系统、防雷设施、电梯产品质量以及电气施工和电梯安装质量等。住宅配电系统的设计应符合现行国家标准《低压配电设计规范》GB 50054 及《住宅设计规范》GB 50096 的规定；配电系统的施工应按照现行国家标准"电气装置安装工程"系列规范及《建筑电气工程施工质量验收规范》GB 50303 的规定执行。

电气设备及材料的质量是保证配电系统安全的最重要因素，因此我国对电气设备及主要电气材料产品实行强制性产品认证。首先要求工程中使用的电气设备及主要材料，其生产厂家不仅具有电气产品生产的资质，而且其生产的产品名称和系列、型号、规格、产品标准和技术要求等，均通过国家强制性产品认证。此外，还要求使用的产品是厂家的合格产品。

为了保证用电的人身安全和配电系统的正常运行，要求配电系统具有完好的保护功能和措施。这些保护应包括短路、过负荷、接地故障、漏电、防雷电波等高电位入侵，防误操作等。

要求电气设备及主要材料的型号、技术参数、功能和防护等级，应与其所安装场所的环境对产品的要求相适应。这里的环境主要包括地理位置、海拔高度、日晒、风、雨、雪、尘埃、温度、湿度、盐雾、腐蚀性气体、爆炸危险、火灾危险等。

评定建筑物是否按规范要求设置防雷措施，这些措施应包括防直接雷、感应雷和防雷电波入侵。设置的防雷措施应齐全，防雷装置的质量和性能应满足相关规范及地方法规的要求。

评定内容还包括配电系统接地方式是否合适，接地做法是否满足接地功能要求；等电位连接，带浴室的卫生间局部等电位连接是否符合设计和规范要求；接地装置是否完整、性能是否满足要求。材料和防腐处理是否合格。

住宅供电线路的设计应考虑用电负荷快速增长的因素，每户进户线的功率载荷及截面积应满足设计规范的要求，配电箱中的分支回路要足够多，且达到 16A。工程质量应包括两个方面，一是配电系统设计质量是否满足安全性能要求；二是施工是否按照设计图纸施工,且满足施工质量的要求。在施工质量中强调配电线路敷设,配电线路的材质、规格是否满足设计要求,线路敷设是否满足防火要求,防火封堵是否完善。在吊顶内严禁使用聚乙烯塑料管。明确要求配电线路的导体用铜质,支线导体截面不小于 2.5mm²,空调、厨房分支回路不小于 4mm²。施工记录、质量验收是否合格等。

电梯产品符合国家质量标准要求,电梯安装、调试符合现行国家标准《电梯安装验收规范》GB 10060 的质量要求,且应获得有关安全部门检验合格。乘坐电梯时应感觉舒适和快捷,电梯除应能准确启动运行,选层、停层,其曳引机的噪声和震动声不得超过规定值,制动器、限速器、报警器及其他安全设备应动作灵敏可靠,另外还应有应急灯、求救按扭或电话,高档的电梯还应有闭路监视器。

第五节　关于日常安全防范措施的子项解析

5.1　防盗设施

防盗户门、防盗网、电子防盗等设施的质量直接影响其防盗的效果,而厂家的产品合格证是其质量的基本保证。审阅防盗设施的产品合格证是保证防盗设施质量的有效方法。现场检查主要是检查防盗设施的感观质量以及其安装部位的合理性和全面性。防盗户门应具有防火、防撬及保温功能;若兼顾隔声功能,并具有良好的装饰性,评定则予以适当加分。多层或高层住宅底层的防盗护栏应设有可以从室内开启逃生的装置。当电梯直通地下车库时应采取安全防范措施。

5.2　防滑防坠落措施

厨房、卫生间以及起居室、卧室、书房等地面和通道所采取的防滑防跌措施应参照现行国家标准《民用建筑设计通则》GB 50352—2005 对楼地面的有关规定进行评定。

审阅设计文件主要是审核防滑材料和防跌设施设计的合理性和全面性。审阅产品质量文件主要是审核厂家对于使用的防滑材料和防跌设施的产品质量保证文件。现场检查主要是检查防滑材料和防跌设施是否符合设计要求。

阳台、外窗、楼梯扶手、上人屋面女儿墙(栏杆)的高度、竖向栏杆间净宽应符合现行国家标准《住宅设计规范》GB 50096 的有关规定,并分述如下:

中高层、高层住宅阳台栏杆(栏板)和上人屋面女儿墙(栏杆),其从可踏面起算的净高度不应低于 1.10m,低层与多层住宅不应低于 1.05m,封闭阳台栏杆也应满足阳台栏杆净高的要求;栏杆垂直杆件净间距不应大于 0.11m。控制阳台栏杆(栏板)和上人屋面女儿墙(栏杆)的高度,以及垂直杆件间水平净距是防止儿童发生坠落事故。因为封闭阳台没有改变人体重心稳定和心理要求,因此,封闭阳台栏杆也应满足阳台栏杆净高要求。对非垂直栏杆的要求,可参照对垂直栏杆的规定执行,且有防儿童攀爬措施。

窗外无阳台或露台的外窗,当从楼面或窗台下可踏面至窗台面净高度或防护栏杆的净高度低于 0.9m 时,应有防护措施,防止窗台高度低造成人员跌落。放置花盆处应采取防坠落措施。

楼梯栏杆垂直杆件的净间距不应大于 0.11m；从踏步中心起算的扶手高度不应低于 0.9m；当楼梯水平段栏杆长度大于 0.5m 时，其扶手高度不应低于 1.05m；非垂直栏杆应设防攀爬措施。

楼梯扶手高度是指楼梯踏步前缘或休息平台地面以及休息栏杆下可登踏面至栏杆扶手顶面的垂直高度。控制楼梯栏杆垂直杆件间的水平净距其目的同前所述。

室内外抹灰工程、室内外装修修饰物和室内顶棚牢靠是建筑装修工程中最基本的要求，而高层住宅的外墙外表面装修层如果不牢固将对人身安全形成很大的潜在危害，因此必须切实保证其牢固性，其耐久性也同样重要。饰面砖应达到国家现行标准《建筑工程饰面砖粘结强度检验标准》JGJ 110 的规定指标，以质检报告为依据。室内外装修装饰物牢靠包括电梯厅等部位的大型灯具及门窗应使用安全玻璃等。

第六节　关于室内污染物控制的子项解析

6.1　墙体及室内装修材料污染物控制

由于造成住宅建筑室内空气污染的主要来源是所采用的建筑材料，包括无机建筑材料和有机建筑材料两大类。室内污染物控制，从墙体材料放射性污染及有害物质含量、室内装修材料有害物质含量来评定。

（1）墙体材料放射性污染及有害物质含量

放射线危害人体健康主要通过两种途径：一是从外部照射人体，称为外照射，另一是放射性物质进入人体后从人体内部照射人体，称为内照射。现行国家标准《建筑材料放射性核素限量》GB 6566 分别用外照射指数 I_γ 和内照射指数 I_{Ra} 来限制建筑材料产品中核素的放射性污染，如下式所示：

$$I_\gamma = \frac{C_{Ra}}{370} + \frac{C_{Th}}{260} + \frac{C_k}{4200}$$

$$I_{Ra} = \frac{C_{Ra}}{200}$$

式中　C_{Ra}、C_{Th} 和 C_k——建筑材料中天然放射性核素 Ra^{226}、Th^{232} 和 K^{40} 的放射性比活度。

按照 GB 6566—2001 的规定：对于建筑主体材料（包括水泥与水泥制品、砖瓦、混凝土、混凝土预制构件、砌块、墙体保温材料、工业废渣、掺工业废渣的建筑材料及各种新型墙体材料）需同时满足 $I_\gamma \leqslant 1.0$ 和 $I_{Ra} \leqslant 1.0$；对空心率大于 25% 的建筑主体材料需同时满足 $I_\gamma \leqslant 1.3$ 和 $I_{Ra} \leqslant 1.0$。评定时应审阅墙体材料放射性专项检测报告。

此外，规定对混凝土外加剂中释放氨的含量进行评定，评定的依据是现行国家标准《民用建筑工程室内环境污染控制规范》GB 50325 和《混凝土外加剂中释放氨的限量》GB 18588，二者控制的指标是一致的，均为不大于 0.10%。

（2）室内装修材料有害物质含量

室内装修材料有害物质含量，包括人造板及其制品、溶剂型木器涂料、内墙涂料、胶粘剂、壁纸、室内用花岗石及其他石材等6类材料。评定时要求审阅产品的合格证和专项检测报告，材料供应商应向设计人员和施工人员提供真实可靠的有害物质含量专项检测报告，设计人员和施工人员有责任选用符合相关标准规范要求的装修材料。涉及有害物质限量的标准主要有国家质量监督检验检疫总局于2001年发布的10项有害物质限量标准和现行国家标准《民用建筑工程室内环境污染控制规范》GB 50325第3章，二者的要求大部分是一致的。现将各类材料涉及的有害物质限量标准说明如下：

1）人造木板及其制品应有游离甲醛含量的检测报告，并应符合现行国家标准《室内装饰装修材料 人造板及其制品中甲醛释放限量》GB 18580的要求，同时应满足现行国家标准《民用建筑工程室内环境污染控制规范》GB 50325关于"Ⅰ类民用建筑工程的室内装修，必须采用 E_1 类人造木板及饰面人造木板"的要求。

2）溶剂型木器涂料的专项检测报告应符合现行国家标准《室内装饰装修材料 溶剂型木器涂料有害物质限量》GB 18581的要求，其中游离甲醛、苯、甲苯＋二甲苯、总挥发性有机化合物（TVOC）等四项是各类溶剂型木器涂料都要检测的项目，如果属于聚氨酯类涂料，还应检测游离甲苯二异氰酸酯（TDI）的含量。

3）水性内墙涂料的专项检测报告应符合现行国家标准《室内装饰装修材料 内墙涂料中有害物质限量》GB 18582的要求，检测项目包括挥发性有机化合物（VOC）、游离甲醛、重金属等3项。现行国家标准《民用建筑工程室内环境污染控制规范》GB 50325只要求检测挥发性有机化合物（VOC）和游离甲醛两项。

4）胶粘剂的专项检测报告应符合现行国家标准《室内装饰装修材料 胶粘剂中有害物质限量》GB 18583的要求，其中一般要检测游离甲醛、苯、甲苯＋二甲苯、总挥发性有机化合物（TVOC）等四项指标。如果属于聚氨酯类涂料，还应检测游离甲苯二异氰酸酯（TDI）的含量。

5）壁纸的专项检测报告应符合现行国家标准《室内装饰装修材料 壁纸中有害物质限量》GB 18585的要求，检测项目包括重金属、氯乙烯单体、甲醛等3项。

6）现行国家标准《建筑材料放射性核素限量》GB 6566对于装修材料（包括花岗石、建筑陶瓷、石膏制品、吊顶材料、粉刷材料及其他新型饰面材料）根据 I_γ 和 I_{Ra} 限值分成A、B和C三类，其限量与主体材料相比有所放宽：

A类：$I_\gamma \leqslant 1.3$ 和 $I_{Ra} \leqslant 1.0$，产销与使用范围不受限制；

B类：$I_\gamma \leqslant 1.9$ 和 $I_{Ra} \leqslant 1.3$，不可用于Ⅰ类民用建筑（如住宅、老年公寓、托儿所、医院和学校等）的内饰面，可用于Ⅰ类民用建筑的外饰面及其他一切建筑物的内、外饰面；

C类：满足 $I_\gamma \leqslant 2.8$ 但不满足A、B类要求的装修材料，只可用于建筑物的外饰面及室外其他用途。$I_\gamma > 2.8$ 的花岗石只可用于碑石、海堤、桥墩等人类很少涉足的地方。

因此，室内用花岗石等石材的专项检测报告应符合现行国家标准《建筑材料放射性核素限量》GB 6566中A类的要求；室外用花岗石等石材应符合A类或B类的要求。

除以上常用材料外，住宅装修中所采用的木地板、聚氯乙烯卷材地板、化纤地毯、水性处理剂、溶剂等也有可能引入甲醛、氯乙烯单体、苯系物等有害物质。虽然此类材料未列入评定范围，如果用量较大也有可能导致《住宅性能评定技术标准》GB/T 50362—2005 第 7.6.4 条规定的污染物含量超标，需要引起设计、施工单位的重视。

6.2 室内环境的污染物控制

室内环境污染物含量包括室内氡浓度、游离甲醛浓度、苯浓度、氨浓度、TVOC 浓度等。这些污染物的浓度限量是依据现行国家标准《民用建筑工程室内环境污染控制规范》GB 50325 作出规定的，见表 7-4。污染物浓度限量，除氡外均应以同步测定的室外空气相应值为空白值。

住宅室内空气污染物浓度限量 表 7-4

序　号	项　目	限　量
1	氡	≤200Bq/m³
2	游离甲醛	≤0.08mg/m³
3	苯	≤0.09mg/m³
4	氨	≤0.2mg/m³
5	总挥发性有机化合物（TVOC）	≤0.5mg/m³

评定时要求审阅空气质量专项检测报告，当室内环境污染物五项指标的检测结果全部合格时，方可判定该工程室内环境质量合格。室内环境质量验收不合格的住宅不允许投入使用。

本 章 参 考 文 献

［1］ 国家标准《住宅性能评定技术标准》（GB/T 50362—2005）. 北京：中国建筑工业出版社，2005

［2］ 住宅安全性能. 建设部住宅产业化促进中心商品住宅性能认定文件资料汇编. 2000：76～88

［3］ 龚思礼. 建筑抗震设计手册. 北京：中国建筑工业出版社，1994.7

［4］ 何广乾，陈祥福，徐至钧. 高层建筑设计与施工. 北京：科学出版社，1992：73～75

［5］ 胡春芝. 现代建筑新材料手册. 广西：广西科学技术出版社，1996.5：179～180，1511～1518

［6］ 北京市第三建筑工程公司. 建筑工程质量管理实用手册. 北京：中国建筑工业出版社，1993.7

［7］ 建设部科技发展促进中心. 钢结构住宅设计与施工技术. 北京：中国建筑工业出版社，2003.11

［8］ 国家标准《建筑抗震设计规范》（GB 50011—2001）. 北京：中国建筑工业出版社，2001

［9］ 日本免震构造协会. 图解隔震结构入门. 叶列平译. 北京：科学出版社，1998.2

［10］ 行业标准《无粘结预应力混凝土结构技术规程》（JGJ 92—2004）. 北京：中国建筑工业出版社，2005

［11］ 何星华，高小旺. 建筑工程裂缝防治指南. 北京：中国建筑工业出版社，2005

［12］ 毋剑平，戴国莹. 不同设计使用年限的地震作用及构造措施研究. 第二层全国抗震加固改造学术交流论文集，结构工程师增刊. 2005.12：528～532

第八章 住宅耐久性能的评定

耐久性能是住宅应当具备的基本性能之一，也是住宅性能评定中的一项基本内容。本章以下介绍住宅耐久性能评定中的主要问题，内容包括：

(1) 住宅耐久性能评定的概况；

(2) 耐久性能的基本概念；

(3) 保证住宅耐久性能的措施；

(4) 评定中应当注意的问题。

第一节 耐 久 性 能 概 述

本节将介绍住宅耐久性能评定的项目及分值的设置情况，以及评定项目设置的原则。

1.1 耐久性能评定项目设置的原则

《住宅性能评定技术标准》GB/T 50362—2005 的一个显著的特点是将耐久性能作为住宅的主要性能之一进行评定，在技术方面另一个明显的进步是首次对住宅耐久性能提出了全面的要求。

把耐久性能作为主要性能之一，体现了国家维护住宅消费者利益的精神，符合建立节约型社会和节省资源的国策。虽然这一原则(耐久性能作为主要性能之一)尚未得到国内普遍的认同，但是面对国内工程建设资源日趋紧张的现实和消费者维权意识的增强，这一原则终将会被人们普遍接受。

关于评定项目的问题，需要强调指出的是：目前一提到耐久性能，联想到的就是结构的耐久性能，特别是混凝土结构的耐久性能。原因之一是：前一阶段对混凝土结构耐久性能的研究进行得比较多，《混凝土结构设计规范》GB 50010—2002 已经把耐久性能作为结构设计的主要性能之一。实际上有关的设计规范和相应的产品标准对于其他工程和产品都有相应的耐久性能的要求，只不过所用的术语不同，而且没有把它提到主要性能之一的高度。《住宅性能评定技术标准》GB/T 50362—2005 不仅把耐久性的要求作为住宅的主要性能之一，而且全面提出相关工程和设施的耐久性要求，包括结构工程、装修工程、防水工程、管线工程、设备和门窗 6 个耐久性能评定项目。

《住宅性能评定技术标准》GB/T 50362—2005 提出的耐久性评定要求，必将带动相关设计标准和产品标准注重耐久性能设计与质量控制。

1.2 耐久性能评定项目与分值设置

《住宅性能评定标准》GB/T 50362—2005 将住宅耐久性能的评定分成结构工程、装修工程、防水工程、管线工程、设备和门窗 6 个评定项目。住宅耐久性能的总分数为 100 分，各评定项目的分值情况见表 8-1。

耐久性能评定项目与分值   表 8-1

项目名称	结构工程	装修工程	防水工程	管线工程	设　　备	门　　窗
项目分值	20	15	20	15	15	15

其中结构工程评定项目的分值最高，为 20 分。结构工程的设计使用年限相对较长，一般为 50 年或者为 100 年。结构出现耐久性能方面的问题将会影响到结构安全，此外还会影响到装修、防水、管线、设备和门窗的使用年限。例如结构工程中的外墙出现问题，对其处理必然会影响外墙的内外装修；对内墙出现的问题进行处理，也必然对附墙管线造成影响；对楼板问题的处理，必然会对地面和天花板的装修与装饰等造成影响。尤其需要指出的是，这种影响是带有破坏性的，一般只能返工重做，因而造成的损失与浪费较大。

在住宅耐久性能评定中，除结构工程和防水工程满分分值各为 20 分外，其他评定项目的满分分值均为 15 分。分数少并不表明这些项目的评定不重要，原因是目前设计与建设单位对相应项目的耐久性能指标尚不熟悉，有些设计规范尚没有给出明确的指标，或产品标准在相应的指标上不够完善，特别是《住宅性能评定技术标准》GB/T 50362—2005 首次提出这些要求，因此每项的分数不宜确定过高。

第二节　耐久性能概念与损伤机理

2.1 耐久性能的基本概念

这里首先要强调的是耐久性能极限状态，耐久性能的极限状态是使用极限状态。例如防水工程，一旦出现防水做法失效，出现了渗漏，防水工程的寿命也就终结。这里所指的是环境作用造成的防水做法失效，不是施工质量不好造成的渗漏。施工质量不好造成的渗漏是不能作为合格工程验收的。

对于设备来说，一旦出现影响使用的损伤，同样标志着其使用寿命的结束。

其他项目的情况与此相同，只要需要维修了，即说明其设计使用年限已经结束，结构的耐久性能也是如此。

前一阶段，许多人员把结构的耐久性能极限状态与结构的承载能力极限状态混淆在一起，认为设计使用年限就是结构安全性能不能得到保障的年限或结构可能具有坍塌危险的年限。这种观点与国际公认的原则并不一致，与国内相关规范的概念也不相符。

结构耐久性能的极限状态是使用极限状态，达到这个状态时结构需要相应的修复工作，修复需要一定的资金，因此结构经济合理的使用年限结束了。结构的设计使用年限是经济合理的使用年限。达到耐久性能极限状态时结构构件的承载能力可能略有下降，但下降的幅度很小，结构的安全性能仍然可以得到保障。此时结构不需要加固，只需要修复。如果此时不采取修复措施，结构的损伤继续发展，将会影响结构的安全。

因此，结构工程的耐久性与设计使用年限与防水工程、装修工程、门窗等是一致的，耐久性是保证使用功能完好的能力，设计使用年限则是保证功能完好的年限。

造成材料、构件、工程或产品耐久性损伤或性能劣化的因素主要有物理作用、电化学作用、化学作用、生物作用等。

本章不可能针对每个工程、每种产品的各种性能提出完全对应的耐久性损伤机理和相应合适的耐用指标要求，只能根据总的损伤机理提示各种工程或产品共性的问题。

另外还要指出的是，耐久性问题要与质量问题有所区别。质量问题是产品或工程的实际质量没有达到相应的要求，或者称为不合格。而耐久性存在问题的产品可能是合格的产品，只是这些合格产品的耐久性指标达不到相应环境作用的要求。换言之，耐久性的要求是：使用耐用指标符合要求的合格产品。

2.2 物理作用

物理作用是最典型的造成材料损伤与性能劣化的原因之一。磨损、人为损伤、材料疲劳破坏和环境温度与湿度的作用是几种常见的因素。

（1）温度作用

温度作用可以分成冻胀损伤、冻融损伤和温度变化损伤三种情况。

1）冻胀损伤

北方地区储水容器和含水率高的材料容易产生冻胀损伤。造成这种损伤的机理就是水结冰后体积膨胀，当这种体积膨胀受到限制时就会造成材料或设备的损伤。

对于住宅来说，出现这种损伤的材料或设施有以下几种情况：

① 处于室外的上下水管线。管线的埋置深度不足，在低温作用下管线中的水结冻，轻则造成管线的阻塞，重则产生冻胀造成的管线损伤。

对应的防范措施是，上下水管线的埋置深度应按结构设计使用年限内极端最低气温考虑，应该埋设在设计使用年限内极端最低气温造成的土壤冻线以下。例如，结构的设计使用年限为100年，管线的埋深应该在100年内极端最低气温造成的冻线以下。

② 地基及室内回填土冻胀。此类问题则出现在冬季室内不采暖的地区。基础埋置深度较浅，遇到气温极端低的情况，地基产生冻胀，使房屋出现裂缝。室内回填土也有类似问题，回填土冻胀则会使地面产生隆起与开裂；回填土受冻还会使埋在其中的上下水管线受冻损伤。

③ 室内外管线及燃器热水装置受冻，放置在室外或不采暖房间或封闭阳台上的这些设施当没有采取相应的低温保护措施时，容易产生冻胀破坏。

④ 因密封或防水、排水措施不当造成的损伤。如：窗框与窗台之间缝隙积水结冰，膨胀力可造成窗框倾斜；外墙勒脚与墙体缝隙中的水分结冰，造成勒脚和墙体的损伤。

防止出现冻胀损伤的方法主要是要有足够的保温措施或防冻设施，如地下管线的埋置深度，基础的埋深，设备的防冻装置等。此外还应作好防水和排水的构造措施。

2）冻融循环作用

冻融循环作用会对有孔隙或缝隙的材料构成损伤，如混凝土、黏土砖、砌筑砂浆和保温材料。强度较高材料的抗冻融循环作用的能力较高，强度较低材料抗冻融循环作用的能力较差。冻融循环作用的机理也是材料孔隙中的水分结冰产生体积膨胀。这种体积膨胀造成的损伤是累计渐进的，每次冻融均使孔隙及孔隙间的微裂缝有所发展，使材料的吸水率增大，并加大随后冻胀的损伤程度。当这种损伤积累到一定程度时，材料表层会出现剥落损伤。

冻融循环作用造成的损伤除了要有低温的条件外，还要有足够的水分，当水中含有氯化物时，材料的冻融损伤速度将会加快。

对于混凝土材料来说，采用引气混凝土可以大幅度提高混凝土抗冻融循环的能力。在北方室外的混凝土构件应该考虑抗冻融循环作用。

对于遭受冻融循环作用的材料，设计上应提出材料抗冻融循环作用性能的要求，另一个重要的措施则是避免材料与水接触，做好防水和排水。

这里值得提出的是石材也有冻融损伤的问题。住宅建筑中除了基础可能用到石材外，外饰面也会用到石材。在北方地区，要求外饰面石材具有一定的抗冻能力显然是十分必要的。

3）温度变化的作用

热胀冷缩是各种材料的基本性能，同时也是造成材料损伤的常见因素。住宅中常见的温度变化的作用引起的损伤情况如下：

① 砌体结构的温度裂缝。这种裂缝多出在顶层墙体和屋面板上。墙体的裂缝为"八"字形，预制屋面板多为板缝张开。过去一直认为，这类裂缝是由于砌体与混凝土板受热后线膨胀系数不同所致。在环境温度变化时，两种材料的膨胀与收缩量不同，变形受到制约，产生内部的应力。当应力足够大时，墙体出现裂缝。

国家建筑工程质量监督检验中心根据对大量工程实例的分析认为，造成这种裂缝的主要原因是太阳辐射热。春季，太阳辐射热增强，太阳辐射热使混凝土屋面板产生体积膨胀，而墙体的温度上升较慢，限制了屋面板的自由变形，墙体中产生应力，当应力足够大时墙体开裂。到了晚上，特别是后半夜，屋面板的温度降低产生体积收缩，墙体的部分裂缝闭合。

造成这种裂缝的客观原因是屋面保温层的隔热性能不足，不能有效地阻止太阳辐射热。一般认为是设计方的责任，有些设计人员误认为标准图集规定的保温层的厚度可以抵抗太阳辐射热的作用。实际上，一些标准图集规定保温层厚度只能解决屋面保温的问题，不能解决阻隔太阳辐射热的问题。出现这种裂缝房屋的顶层室内，夏季温度高，耗能多。

增加保温层的厚度，屋面设置隔热层是杜绝出现这种问题的有效方法。此外，使用坡屋顶，减小屋面的面积也可起到一定的作用。

② 建筑物过长也可造成墙体开裂。近些年来有些单位开发出了数百米墙体可不设变形缝的新技术。但是这些新技术只能适用于地下环境温度基本不变化的情况，不适用地面

上的建筑部分。原因是，材料热胀冷缩的性能是不可改变的。各种规范中都有设置变形缝的要求，应该按照规范的要求设缝，不应超过规范的限值。

有些建筑的设缝长度超过规范的要求，在短期没有出现裂缝，设计人员认为是新技术有效。实际上，规范还要考虑建筑在使用过程中的一些特殊情况，例如环境温度急剧变化、极端温度情况和建筑使用过程中的意外情况，如冬季采暖措施出现问题等。长度过大建筑遇到这种情况就要产生裂缝。

③ 一些管线的温度变形问题。特别是热力管线，由于温差变化很大，其热胀冷缩可能造成的损伤更应引起关注，需采取设置膨胀节等措施减少管道内的温度应力。

（2）磨损

磨损是一种常见的物理作用。住宅中常见的磨损主要有地面的磨损、门窗的合页与执手、电器开关与插座和室外构件。

地面的磨损主要是人员活动造成的。常见的损伤出现在人员活动较多的楼梯间、木地面和地面砖。地面砖或木地板应有耐磨的要求，当使用水泥砂浆地面时要适当提高水泥砂浆的表面硬度。

电器开关、插座和门窗合页与执手应选择经过相应检验的产品，例如门窗反复开合检验，电器反复开关检验等。

室外构件和设施的磨损主要是风沙、雨水冲淋造成的。因此，室外构件要尽量避免直接遭受雨淋等作用。

（3）流体造成的损伤

高速流动的气体和液体也会造成材料的破坏与损伤。常见的局部室外装饰材料在大风天气被刮落，只是这种损伤中的一种典型例子而已。

高速流动的气体或液体会出现紊流区，在这些区域会产生很大的负压，在这种负压作用下材料会产生气蚀破坏，形成尺寸不同的破坏锥体。因此有高速流动的气体或液体通过的管线，要尽量使用金属材料，避免使用强度较低的混凝土或其他材料，特别是管线的内保温面层，要有适当的处理措施。

高速的水流带有固体物质时，这种损伤将加剧。对排水管线严格的质量要求，则成为防止出现这类损伤的关键。

（4）人为的损伤

人为损伤包括碰撞、火灾、爆炸等。

住宅中有些有一些常用的防止碰撞的措施，如墙体阳角的表面装饰层采用水泥砂浆冲筋，设置踢角线，地下车库柱子的角部设置防撞措施等。

预防火灾与爆炸除了应有报警措施外，住宅内使用燃气的厨房等应有泄爆措施和防止结构倒塌的措施，此外，这些厨房通向室内的门窗玻璃应选择安全玻璃。

（5）湿度的影响

所有建筑材料都会受到环境湿度的影响，直接受到水的作用影响的材料，性能都会降低，其使用年限也会降低。

对于结构材料来说：

1）钢材及其他金属材料，即使表面没有防护层，在干燥的环境中也不会发生锈蚀。

2）砌体，潮湿环境中砌体的强度降低，干湿变化会使砌体的体积产生变化，使构件产生裂缝；潮湿会使砌体的面层脱落。饱含水的砌体容易产生冻融损伤。

3）混凝土结构，潮湿是钢筋锈蚀必备的条件之一，也是碱-骨料反应必备的条件之一。干湿循环情况下钢筋锈蚀的速度加快，使硫酸盐侵蚀问题加剧，引起体积变化并产生裂缝。直接受到水影响的混凝土强度会降低，特定的混凝土会出现氢氧化钙流失的现象，使混凝土强度大幅度降低。饱含水的混凝土容易产生冻融损伤。

4）潮湿环境使木材产生腐朽和其他生物损伤，干湿循环情况下木材会产生裂缝，严重者产生较大的体积变化，使其他构件产生裂缝。

对于保温材料来说，直接受到水的影响则保温性能降低。

对于其他装修材料来说，直接受到水的影响会改变颜色、降低使用寿命。

简单地说，所有住宅的建筑材料或制品都应该避免直接受到水影响，必须与水接触的部分，其表面必须有致密不透水的面层，如卫生用具，厨房用具，结构的防水层等。

另一个问题就是要排水，不要使水积存。这个问题包括结构构件，挑檐、雨罩等要设鹰嘴或滴水，室外阳台、卫生间要有排水等，外墙外饰面要具有防水和排水的功能。

（6）疲劳损伤

过去，疲劳损伤主要是针对金属结构，指反复荷载作用下材料微小损伤的累积，最终导致明显的断裂。

住宅中结构材料产生疲劳破坏的可能性较少，但其他配件产生疲劳破坏的事例甚多，如防盗门的一些弹簧和钥匙等。

2.3 电化学作用

金属，特别是钢铁材料的锈蚀是电化学的作用结果。钢材的锈蚀是电化学的过程，一般认为钢材的锈蚀必须具备三个条件：

① 在钢材表面存在电位差，不同电位区间形成阳极-阴极；

② 在阳极区段钢筋表面处于活化状态，发生钢筋失去电子的反应，铁原子失去电子后成为 Fe^{2+}：

$$Fe-2e \rightarrow Fe^{2+}$$

③ 存在水分和溶解氧，在阴极，释放的电子在钢材表面与水和氧结合形成氢氧根离子 OH^-，反应情况如下：

$$2H_2O+O_2+4e \rightarrow 4OH^-$$

对于裸露在空气环境中的钢材来说，上述三个条件只有第③个条件有时成立，有时不成立。在气候或环境干燥的情况下，钢材不会锈蚀或锈蚀的速度很慢。在气候或环境潮湿的情况下，钢材锈蚀速度相对较快，钢材表面有酸性物质或吸潮物质时钢材锈蚀的速度更快。

因此对于裸露在空气环境中的钢材来说，表面涂刷涂层是最有效的防锈措施。对于钢材锈蚀机理和防锈措施，国内外都有较多的研究，此处不再讨论，而转为讨论混凝土和砌体中的钢筋问题。但是关于钢材涂刷层的老化问题，将在化学物质侵蚀中讨论。

(1) 钢筋锈蚀原理

钢筋锈蚀是最为广泛的混凝土结构耐久性问题。

研究结果表明，钢筋在具备上述三个锈蚀条件之后，在阳极处，Fe^{2+} 溶于混凝土的孔隙水且与 OH^- 结合形成氢氧化亚铁 $Fe(OH)_2$，其反应式如下：

$$Fe^{2+} + 2OH^- \rightarrow Fe(OH)_2$$

氢氧化亚铁进一步与氧和水化合，生成氢氧化铁 $Fe(OH)_3$，其体积为所置代钢材的 2 倍，其反应式如下：

$$4Fe(OH)_2 + O_2 + 2H_2O \rightarrow 4Fe(OH)_3 \downarrow$$

氢氧化铁 $Fe(OH)_3$ 进一步与水结合形成 $Fe(OH)_3 \cdot nH_2O$，也就是铁锈。铁锈的最终体积可扩大 $2\sim10$ 倍，在周围混凝土中形成很大的膨胀力。

有的资料表明：氢氧化铁 $Fe(OH)_3$ 脱水后变成疏松、多孔、非共格的红锈 Fe_2O_3，也就是：

$$2Fe(OH)_3 \rightarrow Fe_2O_3 + 3H_2O$$

在缺氧的情况下，$Fe(OH)_2$ 氧化不完全，部分形成黑锈 Fe_3O_4，也就是：

$$6Fe(OH)_2 + O_2 \rightarrow Fe_2O_3 + 6H_2O$$

钢筋的锈蚀通常从局部点蚀开始，数量逐步增多并扩展，最终联接成通常所见的大片锈蚀。

由于钢筋中的化学元素分布的不均匀性、混凝土孔隙溶液浓度的不均匀性、钢筋应力状态的差异和混凝土裂隙的影响等都会使钢筋各部分的电位不等而形成局部电池（阴极和阳极）而使上述锈蚀机理中的第①个条件总是成立的。

混凝土是多孔材料，混凝土孔隙中总是存在水分和氧，因此上述锈蚀机理中的第③个条件基本是成立的。但长期处于饱和水状态下的混凝土，其孔隙中的氧的含量不足，使上述第③个条不能完全成立；干燥状态下的混凝土，其孔隙中的水分不足，钢筋锈蚀的速度极慢。

目前公认的理论认为：埋于新浇筑混凝土中钢筋不会锈蚀的原因在于混凝土的孔隙溶液呈高度碱性，其 pH 值大于 13，在这种条件下，钢筋表面会形成保护膜——钝化膜。受到钝化膜保护的钢筋处于钝化状态，钢筋不会锈蚀。

而关于钝化膜形成的机理，目前存在着不同的观点，以下仅予以合适的时候进行简单的提示。

目前已知主要有三种因素可以导致钝化膜失效，使钢筋具备锈蚀条件。

一是混凝土的碳化，也就是空气中的二氧化碳 CO_2 等酸性物质与混凝土孔隙溶液中的碱性物质（主要为氢氧化钙，$Ca(OH)_2$）发生化学作用，使混凝土孔隙溶液趋于中性化。如果孔隙溶液的 pH 值降至 11 以下，钝化膜就会破坏，使钢筋具备锈蚀条件。碳化过程从混凝土表面开始，逐渐向混凝土内部发展。碳化到达钢筋位置并使钢筋脱钝的时间与混凝土的密实程度、混凝土孔隙溶液中碱性物质含量、混凝土表面与钢筋之间的距离（即保护层厚度）和环境作用情况有关。

另一个可使钢筋脱钝的因素是氯离子的存在。混凝土孔隙溶液中氯离子达到能使钢筋脱钝时的浓度称为临界浓度。

混凝土中的氯离子可以有两种来源，内掺型和外侵型。外侵型是指：结构处于含有氯盐的水（海水、除冰盐等）、土壤或空气环境中时，氯离子会从混凝土表面逐渐扩散到钢筋表面并使钢筋脱钝。内掺型是指：氯离子来自配制混凝土的原材料，如带有氯盐的骨料（海砂）、水、掺合料和外加剂。冬季施工时在混凝土拌合物内掺入氯化钠作为防冻剂是内掺型氯离子的一种形式。

有的研究者指出，钝化膜保持完好需要相当于 $0.2\sim0.3mA/m^2$ 的氧流量。如果氧的流量低于此值，则钝化膜的厚度会逐渐减小直至局部消失，导致钢筋非常缓慢地锈蚀。一般来说，在混凝土结构耐久性能研究中不考虑这种原因的钢筋锈蚀问题。

除了上述三种公认的原因之外，根据国家建筑工程质量监督检验中心多年来积累的经验来看，还有其他一些因素可以造成混凝土中钢筋的锈蚀。例如，交通部第四航务工程局湛江新建宿舍楼，使用了海砂，混凝土中氯离子含量极低，碳化深度较小，但钢筋锈蚀十分严重。北京国管局首长宿舍楼，使用不到一年，混凝土墙内上水管锈断，造成房间跑水。事后检测，混凝土中氯离子含量极低，碳化深度远未到水管表面。

近年来国外的一些研究表明，造成钢筋锈蚀的原因除了电化学腐蚀之外，还有化学腐蚀的因素。化学腐蚀因素可能可以成为解释上述两个工程事例钢材锈蚀的原因。但是目前并不清楚是何种化学物质在起作用。

有资料显示，土中的生物菌也能将硫或硫化物转化为硫酸引起钢筋锈蚀（生物侵蚀的一种类型）。

（2）混凝土的碳化

目前关于碳化机理的研究的主流还是建立在国外的研究基础之上，也就是氢氧化钙理论。混凝土中的氢氧化钙，$Ca(OH)_2$，是钢筋钝化和脱钝的主要化学物质。

空气中的二氧化碳，CO_2，与混凝土中的 $Ca(OH)_2$ 结合，生成碳酸钙，使混凝土孔隙溶液的碱度降低。

氢氧化钙 $Ca(OH)_2$ 是水泥的水化产物，约占水泥熟料水化产物的 $17\%\sim25\%$。混凝土中的氢氧化钙一般可以两种形式存在，一种是以六角板结晶的形式存在于水化硅酸钙凝胶体等水化产物之间或孔隙中，另一种以饱和溶液的形式存在于混凝土孔隙中（孔隙溶液为氢氧化钙的饱和溶液）。

$Ca(OH)_2$ 六角板结晶与孔隙溶液中的氢氧化钙存在着一种平衡状态。当孔隙溶液中的 $Ca(OH)_2$ 超饱和时，$Ca(OH)_2$ 以六角板结晶的形式从孔隙溶液中析出；当孔隙溶液中的 $Ca(OH)_2$ 不饱和时，$Ca(OH)_2$ 六角板结晶则会不断溶解，补充混凝土孔隙溶液中的 $Ca(OH)_2$。

所谓混凝土的碳化是指空气中的二氧化碳 CO_2 等可以通过毛细孔渗透（扩散）到混凝土内部，并溶于混凝土孔隙溶液中，与孔隙溶液中的 $Ca(OH)_2$ 相互作用，形成碳酸钙 $CaCO_3$。其反应公式如下：

$$Ca(OH)_2+CO_2+nH_2O \rightarrow CaCO_3+(n+1)H_2O$$

有的资料将其表述成下述形式：

$$CO_2 + H_2O \rightarrow H_2CO_3$$
$$Ca(OH)_2 + H_2CO_3 \rightarrow CaCO_3 + 2H_2O$$

上述反应俗称混凝土的碳化或中性化。由于碳化反应生成的碳酸钙 $CaCO_3$ 为非溶解性钙盐，其体积比原反应物膨胀约 17％，可以阻塞部分毛细孔，对于提高混凝土的抗渗透性有益，同时使混凝土的强度有所提高。混凝土碳化的另一个特点就是使混凝土孔隙溶液的碱度降低，当混凝土孔隙溶液的 pH 值降到 9～11 时，钢筋表面的钝化膜遭到破坏，钢筋具备锈蚀条件。有的资料表明，混凝土完全碳化后孔隙溶液的 pH 值要降到 8.5～9。

当混凝土的碳化深度超过钢筋保护层的厚度，钢筋就具备了锈蚀的条件。

《混凝土结构设计规范》GB 50010—2002 有耐久性设计的要求，一般来说遵守该规范的要求可以保证相应的结构使用年限。这里所要指出的是，埋在混凝土墙内的金属管线和裸露的金属材料都要有相应的防腐蚀措施。

2.4 化学作用

化学物质的侵蚀可分成酸性物质侵蚀、碱性物质侵蚀、盐类结晶损伤、碱骨料反应和材料性能的老化等。

按道理说，住宅上部建筑中严重的酸性物质侵蚀、碱性物质侵蚀、盐类结晶损伤和碱骨料反应问题并不常见，只有工业建筑中这些问题比较突出。但是，近年来的空气污染严重，国内已经形成相应的酸雨区。因此住宅建筑室外构件和配件应该适当考虑酸性物质侵蚀的影响。

这些酸雨可能会对金属构件表面涂层的寿命构成影响。因此显然不能仅对金属构件提出表面有涂层的简单要求，要对涂层的厚度和耐酸侵蚀的指标提出相应的要求。

对于结构构件，住宅建筑的结构构件一般不外露，因此环境影响反而不明显。但是外墙外饰面则要受到酸雨的侵蚀，耐酸性物质的侵蚀，且不渗漏则应该是对外墙外蚀面耐久性的要求。

碱性物质对住宅建筑来说似乎没有太多的影响，只是砌体结构的粘土砖在碱性物质作用下会变得疏松，丧失强度。在特定碱性土壤中应避免使用粘土砖。特别值得指出的是，这种破坏并不是出现在土壤之中，而是出现在碱性土壤墙体露出地面的部分。估计，这类问题与碱性物质或反应生成物结晶膨胀有关，与下面介绍的硫酸盐侵蚀的机理相同。

盐类物质的结晶损伤主要是指混凝土材料受硫酸盐类物质的侵蚀，产生结晶。结晶体产生膨胀使混凝土产生损伤和破坏。

过去关于硫酸盐侵蚀机理的研究认为：硫酸盐对混凝土有三种化学作用，一是硫酸盐与水泥在水化过程中生成的氢氧化钙结合，形成硫酸钙（石膏），另一种是硫酸盐包括石膏与硬化水泥浆体中的水化铝酸钙在水的参与下形成硫铝酸钙（即钙矾石）。这二种反应均造成固体体积膨胀，而后者尤为严重，导致混凝土破碎。另一种为硫酸镁的侵蚀破坏。硫酸镁还能与水化硅酸钙反应造成破坏。

近年来的研究和工程实践表明：硫酸盐在混凝土孔隙中结晶也会造成破坏，但这是纯粹的物理作用。超过饱和浓度的硫酸盐溶液在孔隙中结晶会产生很大的压力，导致混凝土开裂。我国大多数混凝土的硫酸盐侵蚀破坏是这类破坏。

硫酸盐可以造成混凝土的破坏也会造成其他多孔的碱性材料产生类似的破坏。

当然这种破坏多出现在盐碱地的土壤与水中含有硫酸盐的环境条件。

混凝土的碱-骨料反应给混凝土造成严重危害。

最早发现的有害化学反应是来自水泥成份或周围环境中的碱（Na_2O 和 K_2O）与砂、石骨料中的某些含硅活性成份起反应，即所谓的碱-骨料反应，近年来则往往改称为碱硅反应。碱-骨料反应导致混凝土体积膨胀开裂，这也是一个较长的渐进过程，一般需要若干年以后才能显现。碱-骨料反应被视为混凝土的癌症，在国内外都发生过不少工程损坏事例。但是混凝土的劣化过程往往是多种因素促成的，比如碳化、冰冻、盐类侵蚀、雨水浸出以及荷载作用等，它们可能与碱-骨料反应一起作用。发生碱-骨料反应的前提是：混凝土中有足够高的碱含量、骨料具有较高的碱活性以及有足够的水分参与。如果没有足够水分，即使用了高碱水泥和高活性的骨料也不会发生碱-骨料反应。

某些碳酸盐类岩石骨料也能与碱起反应并产生有害的膨胀开裂，称为碱-碳酸盐反应。此外，骨料中如含有不稳定的氧化物、硫化物、硫酸盐等矿物成份在混凝土内氧化或与水化合，也可造成危害

这些反应可能会出现在碱性土壤的混凝土基础中。

按照《混凝土结构设计规范》GB 50010—2002 的要求进行设计，可以避免出现上述问题。

材料的老化可能是住宅中常见的耐久性问题。老化是材料中的化学成分在环境作用下发生变化，使材料的性能降低，丧失功能。

化学建材、高分子材料等容易出现这种性能的劣化，如密封用的橡胶类材料、粘结用的环氧类材料、防水材料、涂层材料等。化学物质会使一些材料老化，如酸雨对某些涂层，碱性物质也会使一些材料老化，如环氧类材料和玻璃纤维等，紫外线可以使环氧、橡胶、塑料和一些密封胶等材料老化。

所以对于这些材料应该提出相应的耐老化的要求，如塑料门窗、电气产品的塑料外壳、防水材料（卷材与涂层）、密封材料（橡胶和密封胶）和聚合物材料（环氧等）。

2.5　生物侵蚀

生物侵蚀主要为木制品，有腐朽、虫蛀和白蚁等影响。显然这里指得木产品不仅限于木结构，还包括门窗、地板、木装修等。使用经过干燥处理、防虫处理的木材，保持使用环境的干燥（不直接与水接触，或有防水面层）则是保证木制品免受生物侵蚀的重要措施。

其他建筑材料，有的含有淀粉类物质，容易产生虫蛀或者霉变，例如有些涂料。

混凝土也有生物侵蚀，潮湿的地区表面生长苔藓、某些植物在混凝土缝隙中生长等。典型的生物侵蚀可能出现在下水系统中，细菌的孳生可能会产生酸性物质，使混凝土管道受到侵蚀。

第三节 住宅结构的设计使用年限

3.1 住宅结构设计使用年限

住宅结构的设计使用年限是工程业主、用户和管理者关心的问题，且都希望有明确的设计使用年限。所谓设计使用年限，国家标准《建筑结构可靠度设计统一标准》中的术语解释为：设计规定的结构或结构构件不需进行大修即可按其预定目的使用的时期。即房屋建筑在正常设计、正常施工、正常使用和维护下所应达到的使用年限。正常维护包括必要的检测、防护及维修。结构设计使用年限是《建筑工程质量管理条例》中要求的"合理使用年限"的具体化。该标准规定的结构设计使用年限如表 8-2 所示。

设计使用年限分类 表 8-2

类 别	设计使用年限（年）	示 例
1	5	临时性结构
2	25	易于替换的结构构件
3	50	普通房屋和构筑物
4	100	纪念性建筑和特别重要的建筑结构

随着我国市场经济在建筑市场的发展，在现行国家标准《混凝土结构设计规范》GB 50010 中，还规定"若建设单位提出更高要求，也可按建设单位的要求确定"。事实上，各类材料建筑结构所能达到的最长设计使用年限也是会有差别的。按《混凝土结构设计规范》要求，在采用规定的耐久性措施后，一类环境中设计使用年限为 50 年及 100 年均可进行设计；《砌体结构设计规范》GB 50003 对设计使用年限大于 50 年的工程，有施工质量控制等级宜优先选用 A 级的要求，但未提供与 100 年相应的耐久性规定；当采用耐久性保护措施时，普通钢结构的设计使用年限可以达到 100 年；《冷弯薄壁型钢结构技术规范》GB 50018 的设计使用年限分为 50 年和 25 年两档。

3.2 设计使用年限相关的设计考虑

为达到所确定的设计使用年限，设计应采取与该年限相应的荷载设计值及耐久性能措施，如下文所述。

（1）结构荷载效应的调整

对于承载能力极限状态，结构构件应按荷载效应的基本组合或偶然组合进行荷载（效应）组合，并应采用下列极限状态设计表达式：

$$\gamma_0 S \leqslant R$$

式中 S——荷载效应组合的设计值；

R——结构构件抗力的设计值；

γ_0——结构构件的重要性系数，见表 8-3。

混凝土结构设计规范 (GB 50010—2002)		砌体结构设计规范 (GB 50003—2001)		钢结构设计规范 (GB 50017—2003)	
设计使用年限	γ_0	设计使用年限	γ_0	设计使用年限	γ_0
100 年及以上	≥1.1	50 年以上	≥1.1	100 年及以上	≥1.1
50 年	≥1.0	50 年	≥1.0	50 年	≥1.0
5 年及以下	≥0.9	1～5 年	≥0.9	25 年	≥0.95

（2）基本风压与基本雪压

《建筑结构荷载规范》采用的设计基准期为 50 年，其为确定可变作用及与时间有关的材料性能等取值而选用的时间参数，并规定基本风压或雪压按重现期为 50 年的最大风压或雪压采用。此外，该规范还在附录 D 中，给出了全国各城市重现期为 10 年和 100 年的基本风压和基本雪压，以及计算其他重现期 R 相应值的计算公式，以适应建筑结构对其他重现期基本风压或基本雪压的需要。

当业主要求住宅设计使用年限比 50 年长时，如何取基本风压和基本雪压是设计人员需要确定的问题。经咨询该规范制修订负责人陈基发研究员，已明确按目前的《建筑结构荷载规范》，当设计设计使用年限为 100 年的建筑物时，基本风压或基本雪压仍采用 50 年重现期的风压或雪压值，但应取与设计使用年限相关的结构重要性系数 $\gamma_0 \geqslant 1.1$，以对结构物件上所有的荷载效应进行综合调整。

（3）地基基础设计中的调整

《建筑地基基础设计规范》GB 50007 规定，地基基础设计时，基础设计安全等级、结构设计使用年限、结构重要性系数应按有关规范的规定采用，但结构重要性系数 γ_0 不应小于 1.0。由此可见，对设计使用年限为 5 年的临时性建筑物，基础承载力极限状态的设计要求不能降低；对设计使用年限 50 年、100 年的混凝土结构，其基础承载力极限状态设计时的结构重要性系数仍按表 6.6 采用。

（4）抗震设计的调整

《建筑抗震设计规范》所给出的地震作用参数的设计基准期为 50 年，对设计使用年限比 50 年长的建筑结构未提出更高的设计要求。但是，近年来中国建筑科学研究院抗震所毋剑平、戴国莹教授已完成"考虑设计使用年限的地震作用及构造措施的研究"，并提出了基于不同设计使用年限的地震作用系数和抗震构造措施系数，可查阅参考文献[12]。

（5）耐久性能措施

《混凝土结构设计规范》第 3.4 节对设计使用年限为 100 年和 50 年的耐久性能有明确的规定。其中，100 年时的要求最为严格，例如混凝土中的最大氯离子含量不超过 0.06%，混凝土保护层的厚度应比规定值增加 40%，在使用过程中，应定期维护等；50 年时对混凝土的最大水灰比、最小水泥用量、最低混凝土强度等级、最大氯离子含量和最大碱含量都有详细的规定。

实际上，设计使用年限是一个重要而复杂的问题，其涉及到设计、施工、材料，防水、保温、隔热等围护结构的完整性，气候环境条件，使用和维护等诸多方面，也涉及《住宅使用说明书》和《住宅质量保证书》的提供和落实等。

第四节　保证耐久性能的措施

第二节介绍了影响住宅耐久性的因素，本节介绍保证住宅耐久性的措施。实际上在第二节中已经介绍了一些保证耐久性的措施。

从另一角度来看，《住宅性能评定技术标准》GB/T 50362—2005 也已经明示了保证住宅耐久性的措施，也就是：设计要把好关，施工质量要符合设计要求。

设计把好关是指：设计要充分考虑到住宅各类工程和产品可能遇到的环境作用情况，包括物理作用、电化学作用、化学作用和生物作用。对于建筑材料和产品，不仅要求使用合格的材料和产品，还要使用耐用指标符合建筑实际情况的合格材料与产品。此外还应该有相应的构造做法或建筑做法相匹配。

例如防水卷材：在北方地区，环境温度变化造成的材料性能的劣化可能成为关键的因素，因此这项指标应该成为重要的指标，也就是在各种合格的卷材产品中选择耐温度循环作用指标较高的卷材，此外保证屋面排水，不使冬季屋面的积雪融化再结冰也是必要的措施。而南方地区太阳辐射热相对厉害，防止材料紫外线老化的问题更为突出，相应的耐用指标要求可稍高一些，也就是在各种合格的卷材中选择出耐紫外线老化指标较高的卷材。此外，防辐射措施（例如反射措施）也宜加强。

由于《住宅性能评定技术标准》GB/T 50362—2005 对屋面和地下室要求的设计使用年限较长，对于屋面和地下室应采取多道防水措施，例如卷材防水和刚性防水。

以下按《住宅性能评定技术标准》GB/T 50362—2005 的次序介绍如何保证住宅的耐久性能。

4.1　结构工程

《住宅性能评定技术标准》GB/T 50362—2005 将结构工程的耐久性评定分成勘察报告、结构设计、结构工程质量和外观质量 4 个分项，满分为 20 分。

一般来说，只要按结构设计规范的规定进行设计，施工质量满足设计要求，住宅结构的耐久性就可以达到相应的要求。但是与土壤接触的构件和直接暴露在室外的构件应该特别予以注意。

设计与土壤直接接触的构件，与勘察报告提供的勘察信息相关，因此《住宅性能评定技术标准》GB/T 50362—2005 在结构耐久性方面对勘察工作提出了诸多要求。

（1）地质勘察工作的要求

对地质勘察报告的要求主要有两项。其一为勘察的点数，勘察点数过少，则勘察结果不具有代表性。其二为提供土壤与土中水的侵蚀性，通常地质勘察报告都要提供土壤和地下水的腐蚀情况，并提出相应的建议。

这里还要提出的一个重要问题是，应该要求勘察单位提供设计使用年限内（50～100

年)最不利的勘察参数,如:地下水的最高水位,并依据这类参数进行设计。

有些地区近年来持续干旱,地下水位降低较多。勘察报告如果仅提供近期的地下水位高度,按照这种水位进行防水设计,则地下水位一旦升高,地下部分会出现渗漏,影响使用和耐久性。此类问题近年来出现较多。

(2)上部结构设计

住宅室内结构部分一般可以满足设计使用年限 100 年的要求,原因是室内构件一般都有装饰层保护。

这里所要注意的大概有四个方面的问题:

① 设计使用年限与设计基准期的关系;

② 室外构件问题;

③ 钢结构构件问题;

④ 变形缝间距。

1)设计使用年限与设计基准期

当住宅结构的设计使用年限为 50 年时,由于现行结构设计规范使用的基准期也是 50 年,因此不会产生过多的疑问。当住宅结构的设计使用年限为 100 年时,设计基准期如何确定,目前有不同看法。

一般来说,当结构的设计使用年限为 100 年时,基准期还可以按 50 年考虑,也就是风荷载、雪荷载和地震作用都按 50 年考虑,不必按 100 年考虑。其中风荷载和雪荷载按《建筑结构荷载规范》的规定确定,地震作用按《建筑抗震设计规范》的规定确定。

2)室外构件

对于室外构件来说,如果不加特殊的处理措施一般保证不了设计使用年限 100 年,这里主要说的是混凝土的阳台、雨罩与挑檐。提高室外构件的混凝土强度等级,增加保护层厚度和增设面层是提高这些构件使用寿命的有效措施。此外避免构件上积雪和避免雨水直接影响也是重要的措施,这些措施对于墙体(包括黏土砖墙)也是有益的。

3)钢结构构件

钢结构构件主要靠表面防护层防护,而目前较好的防护层的有效防护年限也不过 30 年,一般情况只能维持 10 年。因此钢结构的防护层必须定期涂刷,特别是游泳馆的钢结构构件更应做出这样的规定,这些规定应该在设计图纸上明示。

4)变形缝的设置

结构设计规范有变形缝的设置要求。设置变形缝的目的是控制建筑在使用阶段因材料或构件热胀冷缩产生的裂缝,而不是控制施工阶段构件裂缝。施工阶段的裂缝控制还要在此基础上增加后浇带。目前一些设计单位把变形缝和后浇带的概念搞混,认为在混凝土中掺加膨胀剂或使用预应力后可以减少变形缝的设置。实际上掺加膨胀剂或使用预应力都不能改变材料热胀冷缩的性质,因此不能减少变形缝的设置。

4.2 装修工程

《住宅性能评定技术标准》GB/T 50362—2005 将装修工程的评定分成装修设计、装修材料、施工质量和外观检查 4 个分项，满分为 15 分。

装修设计是保证装修工程耐久性的重要环节。《住宅性能评定技术标准》GB/T 50362—2005 建议装修设计应该提出装修工程的设计使用年限。虽然以往国内没有对室内外装修工程的设计使用年限明确规定，由于室内外装修的耐久性对于住宅消费者的利益构成影响，因此《住宅性能评定技术标准》GB/T 50362—2005 将其作为评定项目之一。

住宅装修工程的使用年限一般要比结构的使用年限短，室内装修的使用年限一般只有 10 年左右，外墙装修的使用年限可以达到 30 年，清水黏土砖墙无须修复的年限可以到 50 年或者更长。因此《住宅性能评定技术标准》GB/T 50362—2005 建议的装修工程的设计使用年限（外装修）基本上可以得到保证。

要保证装修工程的设计使用年限，设计应该对室内外装修材料提出相应的耐用指标要求，这些指标应根据装修的环境情况分成耐老化指标、抗冻融指标、耐冲淋指标、耐擦洗指标、耐磨指标和不脱落（抗变形）指标等。

以下提示应该提出的相应指标。

室内地面装修，应该主要解决耐磨的问题，包括地面砖和木地板等。设计要提出选用材料的耐磨性要求。

内墙涂料，应该解决耐擦洗防霉变的问题。设计应提出相应的要求。

室内墙面砖，贴墙面砖的墙体要有足够的刚度。在轻质隔墙上贴面砖，过一段时间墙面砖就会脱落，原因是轻质隔墙的变形大，而墙面砖的胶粘剂一般不能抵抗大变形的作用（胶粘剂强度高对这类问题帮助不大）。

室内吊顶一般应注意金属件的防锈问题。

外墙装修脱落的问题较多，有些造成人员伤亡和财产的损失。外墙装修最好不要贴面砖，使用面砖时最好使用机械连接的方法。

对于设计来说，应该规定外墙装修检查的年限。

对于设计指标不熟悉的设计人员，可以选择能够提供相应检验指标的装修材料，在选择不同材料时，可优先选择经过认证且有相应检验指标的材料。

装修材料的检验结果可以证明材料的耐用指标满足设计要求。

在装修材料满足要求装修施工质量合格的情况下，可以认为装修工程的耐久性可以满足相应要求。

4.3 防水工程

防水工程的评定应包括防水设计、防水材料、施工质量和外观检查 4 个分项，满分为 20 分。其中防水工程的设计也是保证防水工程耐久性的重要环节。

《住宅性能评定技术标准》GB/T 50362—2005 提出了防水工程的设计使用年限的建议，而且建议的是下限值。考虑到地下室防水工程的维护和翻修难度较大，地下室防水工程的设计使用年限不宜小于 50 年。有关规范规定了防水工程的等级与使用年限之间的关系。

解决防水工程设计使用年限要求的措施大致分成两种：

（1）防水材料的选择；

（2）多道防水措施。

防水材料的选择在前面已经提到，以下仅提示多道防水措施。

防水工程一般宜采用多道防水的做法，屋面工程除了采用卷材防水之外，可以增加刚性防水，也就是提出屋面板混凝土的抗渗等级要求，这样的措施不会增加太多的费用。卫生间的防水也应该如此，卫生间应包括墙体和楼板。

墙体方面，对混凝土宜提出抗渗要求，对于砌筑墙体，应对块材的吸水率提出要求，并要求勾缝，无论其外是否有装饰面层。

如同其他工程一样，设计提出合适的要求，材料性能符合设计要求，施工质量合格，防水工程的耐久性能可以得到保障。

4.4 管线工程

管线工程的使用年限也低于结构的使用年限，因此《住宅性能评定技术标准》GB/T 50362—2005 对住宅管线工程的耐久性提出要求。该标准规定：管线工程的评定应包括管线设计、管线材料、施工质量和评审检查 4 个分项，满分为 15 分。

设计提出相应的要求是保证管线耐久性能的关键。设计应根据管线的不同情况提出相应的要求。

对于暴露在空气中的金属管，除了对管壁的厚度提出要求外，尚要对金属管外侧的防护层提出要求，并根据防护层的种类提出维护年限（重新涂刷年限的要求）。

对于暴露在空气中的塑料管或符合材料的塑料管，应提出抗老化指标要求，有热水通过的塑料管，应提出湿热环境的指标要求。

埋在墙内的电线应加套管。对于埋入墙内的上下水管，应确定墙体材料对管材没有腐蚀作用。

通风管道的有高速气流通过的内表面，应考虑气蚀作用的影响。

室外下水管道，应考虑生物侵蚀和化学物质侵蚀的影响。

住宅所用管线检验结果符合设计要求和管线工程施工质量验收合格，都是保证设计要求得到实施的证明。

4.5 设备

《住宅性能评定技术标准》GB/T 50362—2005 中所说的设备包括住宅内厨卫、采暖、电器等设备，也包括集中空调、喷淋、智能化等设施。设备耐久性能的评定包括设计或选型、设备质量、设备安装质量和运转情况 4 个分项，满分为 15 分。

许多情况下，设备与设施的设计不包括在住宅设计之中，但存在选择的问题，而且选择的权利在建设方。《住宅性能评定技术标准》GB/T 50362—2005 对设备和设施的选择提出建议，选型应包括下述内容：(1)设备使用年限；(2)设备的耐用指标要求。

设备的选型应该注意的问题：

（1）安装在室外的设备的耐候性，包括防紫外线老化、防冻措施、金属的防锈等；

（2）卫生洁具表面处理的密实性和耐磨性；

（3）电器产品的老化性能；

（4）电气开关与插座的耐用性能；

（5）水龙头的耐用性等。

设备与设施应该挑选经过耐用性检验的产品，这种检验可以是产品的型式检验结论或认证检验。例如电风扇连续运转检验、电气开关的反复开合检验等。

4.6 门窗

门窗的评定包括设计或选型、门窗质量、安装质量和外观检查 4 个分项，满分为 15 分。

设计或选型是保证门窗耐久性的重要环节。鉴于目前门窗多为定型产品，因此门窗的选型显得更为重要。

门窗的选型应尽量选材料截面尺寸较大的门窗，如截面尺寸过小，门窗的刚度也小，容易产生变形，耐久性得不到保障。

此外尚应注意：

（1）门窗执手的耐用性能；

（2）密封胶条或密封胶的老化性能；

（3）金属件的疲劳性能（如弹簧、钥匙等）；

（4）多功能门的保温和防火性能。

在选型时，应优先选择可以提供全面耐用指标的产品或选择经过认证的产品。

第五节　评定中应当注意的问题

《住宅性能评定技术标准》GB/T 50362—2005 的主要目的是引导住宅的开发建设者注重住宅的性能，把钱花在该花的地方，也就是好钢用在刀刃上；避免盲目追求大面积和不切实际的高档化。该标准的另一个特点是引导住宅的理性消费。

住宅性能的评审过程则是引导住宅开发建设方建设高性能住宅的过程。

基于这一原则，住宅耐久性能评定三个阶段的工作原则可简述如下：

（1）设计审查：引导住宅建设的开发建设方从设计或选型上注重住宅各项工程耐久性的问题；

（2）中间检查：材料的购置与施工质量是保证设计要求得到满足的重要环节，工程质量满足设计要求应该有真凭实据；

（3）终审：开发建设方关于住宅耐久性能的承诺是否能够真正实现。

因此，关于住宅耐久性能的评定是引导、敦促和评价的过程。

5.1 引导的过程

设计审查阶段主要是引导住宅建设的开发者注重住宅的耐久性能，向住宅的设计单位提供与住宅耐久性相关的信息。

引导过程中评审人员应当注意下述问题：

（1）应以现行规范的要求为基准，宏观衡量设计提出的相应要求；高于现行规范的要求只能作为建议性的意见供建设方或设计方参考；

（2）不应推荐具体的产品，特别是不应推荐价格高、性能未经过工程检验的新产品。

以现行规范的规定为基准包含两个方面的意义，其一是设计做法不应低于现行规范的要求。这里所举的典型的例子就是变形缝的设置问题，当两道变形缝之间的间距超出规范规定时，应请设计方提供材料热胀冷缩性能改变的依据。再如，对于结构工程，评审应按相关的结构设计规范对设计情况进行宏观的评审，评审的要点在于与土壤直接接触的构件和室外构件，在这些构件中，要特别注重构造做法。这里所说的构造做法不仅仅是混凝土保护层厚度，应包括材料品种的选择、防护措施和防水与排水措施等。其二是明显高于现行规范要求指标的做法只能建设方和设计方提出，不应由评审人员提出且要求建设方或设计方必须采纳。评审人员提出的明显高于现行规范要求指标的做法只能作为建议供建设方或设计方参考。

由于评审人员不可能全面掌握住宅建筑耐久性全面的知识和信息，一般评审人员应按相应规范的要求提供相应的建议，当评审人员确实有相应的能力时，可向设计单位提供具体的技术信息，但不应推荐某种产品。特别是不能推荐价格高、效果未经工程检验的产品。

5.2 敦促过程

中间检查时一方面对工程的质量进行现场核查，敦促建设方和施工方严格按设计要求进行施工与安装，另一方面要敦促建设方保证工程的质量并准备相应的证明材料以备终审时使用。住宅耐久性评审所要的资料包括：

（1）各类工程施工质量合格的验收资料；

（2）结构工程施工质量检验合格的检验报告，由第三方检测机构出具；

（3）材料或产品合格的证书；

（4）材料或产品耐用指标的检验报告，由第三方检测机构出具。

5.3 终审

最终的评审是对工程的外观质量进行检查，检查项目在《住宅性能评定技术标准》GB/T 50362—2005 中有明确的规定，此处不再重复。最终的评审的另一项工作是对前述证明资料进行核查。

第九章　住宅质量保证保险

第一节　国外住宅质量保证保险的相关情况

住宅质量保证保险源于法国，国外通常称作"潜在缺陷保险（Inherent Defects Insurance，简称 IDI）"，又称"建筑物十年期责任保险（Liability For Ten Years）"，主要承保的是建筑物自竣工验收之后满一年起到十年之内，因主体结构存在缺陷发生工程质量事故而造成的损失。该保险运作机制逐步被英国、日本、新加坡等许多国家引入，部分国家和地区甚至实行 IDI 强制保险，如意大利、芬兰、印度尼西亚、西班牙、瑞典、突尼斯及加拿大部分省。到 2002 年，法国 IDI 保险的年保险费达到 7.6 亿欧元；英国 IDI 保险的年保险费达到 7000 万欧元；西班牙为 1.5 亿欧元；澳大利亚为 3750 万欧元。

日本从 1982 年开始建立住宅性能保证制度，该制度和住宅性能表示制度的法律渊源都是 1999 年参议院和众议院一致表决通过的《住宅品质确保促进法》。

日本住宅性能保证制度的主要内容是：住宅的开发商必须对于住宅的质量提供长期保证和短期保证，住宅一旦出现了保证书中列明的质量问题，必须立即进行修复。但进行修复往往需要大量的费用，这无疑会给开发商带来一定困难和长期的风险。为了确保长期保证的实现，引入了以住宅交付使用 2 年之后的长期保证责任为标的住宅性能保证制度。

在住宅建设过程中引入保险机制，是各国确保住宅质量，保护消费者而采取的普遍措施。中国在性能认定制度中引入住宅质量保证保险，有较强的现实意义，可以实现多赢的局面。

第二节　实行住宅质量保证保险的意义

2.1　住宅质量保证保险对政府监管的意义

首先，可以大大减少政府处理住宅质量事故的压力。当事故发生时，政府首当其冲要进行解决，但政府出资金为消费者重新盖楼则相当困难。通过引入住宅质量保险机制，一旦发生事故，消费者首先从保险公司获得赔偿，可以大大减少政府处理住宅质量事故的压力。

其次，可以适应加入 WTO 后市场发展的需要。我国房地产市场在处于市场机制逐步建立过程中，对于住宅质量造成的损失由政府或政府主管部门协调解决和事后处罚的做法已不能适应市场规律。通过建立住宅质量保证保险，实现用经济手段完善行业主管部门的行政监督职能，提高市场效率，促进经济发展和社会稳定，从根本上推动社会进步，增加社会的福利。

再者，一些开发商的行为还不规范，政府监管的任务繁重，不能满足消费者的期望。通过认定和保险机制的建立，形成监督制约机制，使相关各方更加注重住宅质量问题。IDI 在国外发展的成功经验表明，IDI 制度的建立，引入利益驱动的、专业的第三方，可以监督和规范开发商的建设行为，提高住宅性能品质，保证施工质量。

2.2 住宅质量保证保险对消费者的意义

（1）住宅质量保证保险的最大受益者是消费者。保险的受益人是消费者，使消费者的权益可以得到长期的保证。即使发生住宅倒塌等不幸的事件，消费者绝大部分损失都可以得到保险公司的赔偿。

（2）解除消费者购房的后顾之忧。目前住宅质量纠纷不断，据统计，商品房质量纠纷问题已成为我国消费领域十大投诉之一，影响了消费者的消费信心，影响了住宅作为经济增长点和消费热点的政策的实现。房地产项目公司的存在，使消费者不能确定当数年以后住宅出现问题时，是否还可以找到当初的开发商，对开发商的信誉没有把握，影响消费者的购买行为。引入保证保险机制，可以使消费者放心购房，即使出现质量问题，也可以首先找保险公司索赔，获得损失补偿。

2.3 住宅质量保证保险对房地产开发商的意义

（1）为开发商转移风险。住宅作为完整的产品是由开发商提供给消费者的，购房的契约是开发商和购房者签订的，开发商是住宅产品的提供者，购房者就质量问题能够直接追究的责任人只有开发商。购房者和施工单位、设计单位、勘察单位、材料供应单位、住宅产品供应单位等，并没有直接的合同关系，也就不能去追究其他单位的责任。开发商只有首先承担责任后，才去通过专家会审、技术鉴定等方式，确定到底是哪一个单位的责任。所以，开发商作为住宅最终产品的提供者，对消费者负有责任。国务院《城市房地产开发经营管理条例》规定，房地产开发企业应当在商品房交付使用时，向购买人提供住宅质量保证书和住宅使用说明书。房地产开发企业应当按照住宅质量保证书的约定，承担商品房保修责任。保修期内，因房地产开发企业对商品房进行维修，致使房屋原使用功能受到影响，给购买人造成损失的，应当依法承担赔偿责任。该条例明确了开发商首先应当对住宅质量承担保修责任和赔偿责任。通过建立住宅质量保证保险机制，可以使开发商从长期的保修义务中解脱出来，将风险转移给保险公司。

（2）增加开发商诚信度。一些开发商的行为，已经危及到对整个开发行业的信任危机，影响了购房者的消费信心。在性能认定项目中引入保证保险机制，使开发商开发的项目加入了专业化认定的信用和保险公司的信用，使开发的住宅信用升级，可以增加开发商的诚信度。

第三节　住宅质量保证保险运作方式

开发商与住宅性能评定机构、保险公司分别签订协议，向住宅性能评定机构申请质量认定，向保险公司投保住宅质量保证保险。是否通过质量认定是保险生效与否的前提条件，住宅性能评定机构对工程进行技术检查服务，对住宅工程的建设实施全方位的监督，保险公司依据认定的结果决定是否承担保险责任以及保险的条件。如保险公司决定承保，则向开发商出具保险单，向购房者出具保险凭证。

在保险合同约定的期限内，购房者可以依据保险凭证直接向保险公司进行索赔。这样，购房者就可以获得长达十年的住宅质量保证保险。

第四节　住宅质量保证保险的主要内容

4.1　保险对象

凡经住宅性能认定通过的住宅开发商，均可作为住宅质量保证保险的投保人，针对认定通过的住宅投保。被保险人为上述住宅的权利人，即合法持有上述住宅所有权证明的个人、法人或其他组织。

4.2　保险责任

（1）整体或局部倾斜、倒塌；

（2）地基产生超出设计规范允许的不均匀沉降；

（3）阳台、雨篷、挑檐等悬挑构件坍塌或出现影响使用安全的裂缝、破损、断裂；

（4）主体承重结构部位出现影响结构安全的裂缝、变形、破损、断裂；

（5）屋面、外墙面、厨房和卫生间地面、管道渗漏。

发生以上责任，由投保人开发的并经住宅性能评定机构认定通过的住宅，正常使用条件下，因潜在缺陷在本保险期间内发生下列质量事故造成住宅的损坏，经被保险人向保险人提出索赔申请时，保险人负责赔偿修理、加固或重新购置的费用。

4.3　保险期间

对于整体或局部倾斜、倒塌；地基产生超出设计规范允许的不均匀沉降；阳台、雨篷、挑檐等悬挑构件坍塌或出现影响使用安全的裂缝、破损、断裂；主体承重结构部位出现影响结构安全的裂缝、变形、破损、断裂的保险期间为十年，自住宅竣工验收合格之日满一年算起。

对于屋面、外墙面、厨房和卫生间地面、管道渗漏的保险期间为五年，自住宅竣工验收合格之日满一年算起。

附录：山东省推行住宅性能认定制度的情况

1. 推动地方性立法，确立性能认定制度的法律地位

山东省非常重视住宅性能认定制度工作，一直在努力推动性能认定制度工作的地方性立法，以长效地保证住宅性能认定制度的实施，也使住宅的开发建设有了可以衡量品质状况的标准。

这些地方性法规有关住宅产业化和住宅性能认定的表述，有的是单独的一句话要求，有的是与其他条款一并提出，但总体来说，已经将性能认定的要求贯穿于开发建设和销售的全过程中，并具有很强的操作性。比如《开发条例》第三章关于"房地产开发项目的确立与取得"第16条，开发主管部门将用地方式、规划设计、开发期限、基础设施和配套公建、拆迁补偿安置、住宅性能认定等提出建设条件意见，作为了项目建设的依据。这就将住宅性能的要求贯穿到开发建设的前期工作中去，使开发企业开发的住宅具有了具体的品质要求。

2.《山东省城市房地产开发经营管理条例》中的相关规定

2004年11月25日经山东省人大常委会修订的《山东省城市房地产开发经营管理条例》第16条规定："开发项目经批准确立后，开发主管部门应当会同有关部门对项目的用地方式、规划设计、开发期限、基础设施和配套公用设施的建设、拆迁补偿安置、住宅性能认定要求等提出建设条件意见，作为项目建设的依据。"

该条例第24条"关于开发合同应包括的内容"第三款还规定开发合同必须包括"住宅产业化技术和建设质量要求"。

该条例第32条规定："开发企业在开发建设过程中不得擅自变更规划设计和项目性质；确需变更的，应当符合城市规划、住宅产业化技术规定和基础设施、公用设施配套建设要求，并按照规定报经开发、规划等原批准机关批准，办理开发合同变更手续，调整开发项目价款。"

该条例第34条关于项目竣工后综合验收的7项内容中，其中第5款要求综合验收"住宅产业化技术要求是否落实。"并在第34条最后以自然段规定："开发主管部门发现开发企业在综合验收过程中有违反城市规划、住宅产业化技术规定和基础设施、公用设施配套建设要求及开发合同约定行为的，应当责令改正，重新组织综合验收。"

3.《山东省商品房销售管理条例》中的相关规定

2005年3月31日经山东省人大常委会通过的《山东省商品房销售管理条例》，和《山东省城市房地产开发经营管理条例》相互呼应，对于商品房销售过程中，做了关于性能认定的相关规定。

第五章第37条"房地产开发企业交付商品房时，应向买受人提供下列材料"中的第四款规定，开发企业应向买受人提供"房地产开发合同约定的商品住宅性能认定文件。"这样，不仅在《开发条例》里明确了对住宅品质的要求，同时在《销售条例》规定，开发商交房时，应向买受人提供住宅性能认定的文件。

4. 工作总体部署，通盘考虑，目标明确

山东省对住宅性能认定工作的推进，不是停留在一句口号或者是在相关文件中，而是前后有照应，文件有配套，相互呼应。制定了相应的一些规定，如《山东省商品住宅性能认定试行办法》。从总则、认定的条件和范围、组织管理、认定的主要内容、认定程序、认定证书和认定标志等方面进行了规定。

在房地产开发和销售整个过程中，将住宅性能认定工作通盘考虑，总体部署。山东省建设厅在《2005年山东省建设工作要点》中指出：全省新建项目申报性能认定的要达到30％。

5. 通过宣传，让住宅性能认定走向普通百姓

山东省各级住宅产业化管理部门注重宣传，下大力气普及推广，使住宅性能认定走进百姓，深入人心。

山东不少城市还在当地报纸、电台开辟专栏，撰写专文，宣传住宅性能认定工作。在济南电视台的黄金时段，有一句广告词琅琅上口："百姓买房，请认准建设部A级住宅"。这是济南市住宅产业发展中心花数十万元在济南电视台作的全年广告。淄博市从2005年7月起，在淄博日报、晚报等各大媒体上不间断地刊登相关文章和领导讲话，介绍我国的住宅性能认定制度，力求让全社会都来关注这一工作。还编发《商品住宅性能认定资料汇编》，向开发企业广为散发。

通过这些方式，积极吸引符合条件的项目申请住宅性能认定，到2006年4月为止，山东省17个行政区划（城市）全部具有了通过住宅性能认定的小区，共有35个项目通过了住宅性能认定预审，为消费者提供了高品质的住宅。